中等职业学校教学用书
计算机课程改革实验教材系列

Photoshop CC 案例教程

赵　亮　主　编
苟恩诗　副主编

电子工业出版社
Publishing House of Electronics Industry
北京·BEIJING

内 容 简 介

本书采用模块、案例教学的方法，通过案例引领的方式主要讲述了认识 Photoshop CC；常用工具；图层、通道和蒙版；图像模式转换及色彩调整；滤镜；动作、动画及 3D 功能，最后通过综合应用展示使用 Photoshop 比较全面的平面设计处理技巧。

本书可作为中等职业学校计算机平面设计、数字媒体及其相关方向的基础教材，也可作为各类电脑动漫培训班教材，还可供电脑动漫从业人员参考。

未经许可，不得以任何方式复制或抄袭本书之部分或全部内容。
版权所有，侵权必究。

图书在版编目（CIP）数据

Photoshop CC 案例教程 / 赵亮主编. —北京：电子工业出版社，2014.7
计算机课程改革实验教材系列

ISBN 978-7-121-23553-5

Ⅰ. ①P… Ⅱ. ①赵… Ⅲ. ①图象处理软件—中等专业学校—教材 Ⅳ. ①TP391.41

中国版本图书馆 CIP 数据核字（2014）第 132144 号

策划编辑：关雅莉
责任编辑：郝黎明
印　　刷：北京虎彩文化传播有限公司
装　　订：北京虎彩文化传播有限公司
出版发行：电子工业出版社
　　　　　北京市海淀区万寿路 173 信箱　邮编：100036
开　　本：787×1 092　1/16　印张：11.75　字数：300.8 千字
版　　次：2014 年 7 月第 1 版
印　　次：2021 年 1 月第 4 次印刷
定　　价：24.00 元

凡所购买电子工业出版社图书有缺损问题，请向购买书店调换。若书店售缺，请与本社发行部联系，联系及邮购电话：（010）88254888。
质量投诉请发邮件至 zlts@phei.com.cn，盗版侵权举报请发邮件至 dbqq@phei.com.cn。
服务热线：（010）88258888。

前　言

　　本书为适应中等职业学校计算机专业人才培养的需要，根据《中等职业学校计算机应用教学指导方案》的要求编写，是数字媒体技术专业的基础课程教材。

　　Photoshop 是 Adobe 公司推出的一款专业的图形图像处理软件，其功能强大、操作便捷，为设计工作提供了一个广阔的表现空间，使许多不可能实现的效果变成了现实。近几年，美术设计、彩色印刷、排版印刷、网页设计、动漫制作、影视制作、广告制作、多媒体制作等诸多数字媒体技术空前发展，被广泛地应用于各技术领域，受到相关行业人员的钟爱。

　　本书编写遵循中等职业学校学生的认知规律及学习特点，以丰富、广泛的案例为引领，强调理论与实践相结合，紧密结合最新版本 Photoshop CC 在各行业中的应用，将其主要技能纳入到教材中。本书的主要特点如下：

　　1．实用性强。

　　教材案例及实训内容包括照片处理、视觉特效制作、图形绘制、海报设计、户外广告、插画绘制、网页设计等，将常见的设计内容囊括其中，与企业岗位所需技能密切结合并有所拓展，提升了教材的实用性。

　　2．重点突出技能训练。

　　本书首先以案例为引领提出问题，引导学生自主分析问题，突破技能难点，并通过实训练习巩固所学，符合中职学生的特点，充分体现了"以能力为本位，以学生为中心"的教学模式。

　　3．具有趣味性和启发性。

　　本书所采用的案例及实训内容均来自现实生活，趣味性强；操作时直接使用案例引导学生的操作，具有很强的知识启发性。

　　本书共分七个模块，其中模块一～六讲述认识 Photoshop CC，常用工具，图层、通道和蒙版，图像模式转换及色彩调整，滤镜，动作、动画及 3D 功能，模块七是应用 Photoshp CC 解决综合性问题。

　　本书由山东省教研室赵亮主编，青岛城阳苟恩诗副主编，段欣主审，济南九职专刘秀芳、鲁中中等专业学校李九泊、威海工业技术学校王丽参加编写，一些职业学校的老师参与了程序测试、试教和修改工作，在此表示衷心的感谢。

　　为了提高学习效率和教学效果，本书使用的图片、素材以及教学课件等资料通过"华信教育资源网"（http://www.hxedu.com.cn/）发布，供学习者下载使用。

　　由于编者水平有限，书中不妥之处在所难免，恳请广大读者批评指正。

编　者

2014 年 3 月

目　　录

模块一　认识 Photoshop CC ...... (1)
　1.1　图形图像基础 ...... (1)
　1.2　Photoshop CC 简介 ...... (3)
　　案例 1　海中戏水——图片浏览 ...... (5)
　1.3　Photoshop CC 工作界面 ...... (6)
　1.4　图像文件的基本操作 ...... (9)
　1.5　图像浏览 ...... (9)
　思考与实训 ...... (12)

模块二　常用工具 ...... (13)
　　案例 2　月下小屋——规则选区的创建和填充 ...... (13)
　2.1　规则选框工具组 ...... (16)
　2.2　颜色的选取与设定 ...... (18)
　2.3　填充工具组 ...... (20)
　2.4　"移动"工具 ...... (22)
　　案例 3　超级本宣传页——图像的抠取与合成 ...... (24)
　2.5　套索工具组 ...... (27)
　2.6　魔棒工具组 ...... (28)
　2.7　选区的基本操作 ...... (30)
　2.8　文字工具组 ...... (31)
　2.9　橡皮擦工具组 ...... (32)
　2.10　画笔工具组 ...... (34)
　　案例 4　图片生成网页——图像切片 ...... (37)
　2.11　裁剪工具组 ...... (39)
　　案例 5　照片修饰——修复工具组 ...... (43)
　2.12　修复工具组 ...... (45)
　2.13　图章工具组 ...... (48)
　　案例 6　人物照片美化——磨皮和美白 ...... (49)
　2.14　历史记录画笔工具组 ...... (51)
　2.15　模糊工具组 ...... (53)
　2.16　加深减淡工具组 ...... (54)
　　案例 7　汽车宣传页——路径的使用 ...... (56)
　2.17　形状工具组 ...... (58)
　2.18　钢笔工具组 ...... (60)

2.19　路径选择工具组和"路径"面板 …………………………………………（61）
2.20　常用编辑命令 ……………………………………………………………（63）
　　　思考与实训 ……………………………………………………………………（64）

模块三　图层、通道和蒙版 ……………………………………………………………（66）
　　　案例 8　把环保"袋"回家——图层的应用 ……………………………（66）
3.1　图层的基本操作 ……………………………………………………………（69）
3.2　图层混合模式 ………………………………………………………………（71）
　　　案例 9　霓虹闪烁——图层样式的应用 ………………………………（71）
3.3　图层样式 ……………………………………………………………………（73）
　　　案例 10　抠取凌乱头发——通道抠图 …………………………………（77）
　　　案例 11　制作宣传海报——通道的应用 ………………………………（79）
3.4　通道 …………………………………………………………………………（81）
　　　案例 12　探出画框—蒙版的应用 ………………………………………（84）
3.5　蒙版 …………………………………………………………………………（86）
3.6　通道的编辑及其他 …………………………………………………………（89）
　　　思考与实训 ……………………………………………………………………（90）

模块四　图像模式转换及色彩调整 ……………………………………………………（93）
4.1　图像色彩基础 ………………………………………………………………（93）
　　　案例 13　国门——图像模式转换 ………………………………………（96）
4.2　图像模式的转换 ……………………………………………………………（98）
　　　案例 14　夕阳下的海岸——图像色彩调整 ……………………………（100）
　　　案例 15　秋天印象——图像色彩调整 …………………………………（102）
4.3　图像色调的调整 ……………………………………………………………（104）
4.4　图像色彩的调整 ……………………………………………………………（108）
4.5　其他调整命令的使用 ………………………………………………………（113）
　　　思考与实训 ……………………………………………………………………（115）

模块五　滤镜 ……………………………………………………………………………（117）
　　　案例 16　花朵的绘制火焰字——风和波纹滤镜 ………………………（117）
5.1　风格化滤镜 …………………………………………………………………（119）
5.2　模糊滤镜 ……………………………………………………………………（121）
5.3　扭曲滤镜 ……………………………………………………………………（123）
　　　案例 17　完美瘦身——液化滤镜 ………………………………………（124）
5.4　液化滤镜 ……………………………………………………………………（126）
　　　案例 18　木质路牌——渲染与杂色滤镜 ………………………………（127）
5.5　渲染滤镜 ……………………………………………………………………（129）
5.6　杂色滤镜 ……………………………………………………………………（130）
5.7　艺术效果滤镜 ………………………………………………………………（131）
　　　案例 19　拨开迷雾——锐化滤镜 ………………………………………（133）

5.8　锐化滤镜 ………………………………………………………………（135）
　　5.9　Camera Raw 滤镜 ……………………………………………………（135）
　　5.10　其他滤镜有关 ………………………………………………………（136）
　　思考与实训 …………………………………………………………………（140）

模块六　动作、动画及 3D 功能 …………………………………………………（143）
　　　案例 20　自动为图像添加边框——"动作"面板的使用 …………（143）
　　6.1　动作 ……………………………………………………………………（144）
　　　案例 21　制作闪光字——"时间轴"面板的使用 ………………（146）
　　6.2　动画 ……………………………………………………………………（148）
　　　案例 22　制作立体字——3D 功能 …………………………………（148）
　　6.3　3D 功能 ………………………………………………………………（150）
　　思考与实训 …………………………………………………………………（151）

模块七　综合应用 ………………………………………………………………（153）
　　　案例 23　温馨家庭照 …………………………………………………（153）
　　　案例 24　文字特效 ……………………………………………………（157）
　　　案例 25　相册封面设计 ………………………………………………（160）
　　　案例 26　设计班级网站首页 …………………………………………（168）
　　　案例 27　制作"珍惜时间"宣传图片 ………………………………（172）
　　思考与实训 …………………………………………………………………（175）

模块一 认识 Photoshop CC

Photoshop 是由美国 Adobe 公司开发的专业级图像编辑软件,其用户界面易懂、功能完善、性能稳定,是目前最为流行的图形图像编辑应用软件之一,广泛应用于广告设计、网页设计、三维效果图处理、数码照片处理等方面,在几乎所有的广告、出版和软件公司,Photoshop 都是首选的平面设计工具。

Photoshop 自 1987 年开发以来,经过不断发展,其版本越来越新,功能越来越强。2013 年 6 月推出了最新版本的 Adobe Photoshop CC(Adobe Photoshop Creative Cloud),其界面和功能又有了新的突破。

1.1 图形图像基础

1. 图形图像类型

计算机图形图像一般可以分为位图图像和矢量图形两大类,这两种图像类型有着各自的优点,在使用 Photoshop 处理编辑图像文件时经常交叉使用这两种类型。

(1)位图图像

位图也称为点阵图,它是以大量的色彩点阵列组成的图案,每个色彩点称为一个像素,每个像素都有自己特定的位置和颜色值,所以对位图的编辑实际上就是对一个个像素的编辑。位图的优点在于它可以表现颜色的细微层次变化,可表达色彩丰富、细致逼真的画面;缺点是如果在屏幕上对它们进行放大或以低于创建时的分辨率来打印时,将会出现锯齿状失真,而且位图文件占用的存储空间比较大。常用的位图格式有 BMP、JPEG、PSD、GIF、TIFF 等。

(2)矢量图形

矢量图形使用直线和曲线来描述图形,这些图形的元素是一些点、线、矩形、多边形、圆和弧线等几何图形,它们都是通过数学公式计算获得的,所以对矢量图形的编辑实际上就是对组成矢量图形的一个个矢量对象的编辑。矢量图形的优点是将它们缩放或旋转时,不会发生失真现象,同时所占的存储空间一般较小;缺点是能够表现的色彩比较单调,不能像照片那样表达色彩丰富、细致逼真的画面。常用的矢量图格式有 AI(Illustrator 源文件格式)、DXF(AutoCAD 图形交换格式)、WMF(Windows 图元文件格式)、SWF(Flash 文件格式)等。

2. 分辨率

分辨率通常分为显示分辨率、图像分辨率和输出分辨率等。

(1) 显示分辨率

显示分辨率是指显示器屏幕上能够显示的像素点的个数,通常用显示器长和宽方向上能够显示的像素点个数的乘积来表示。如显示器的分辨率为 1200×800,则表示该显示器在水平方向可以显示 1200 个像素点,在垂直方向可以显示 800 个像素点,共可显示 960000 个像素点。显示器的显示分辨率越高,显示的图像越清晰。

(2) 图像分辨率

图像分辨率是指组成一幅图像的像素点的个数,通常用图像在宽度和高度方向上所能容纳的像素个数的乘积来表示。如分辨率为 1024×768,表示该图像由 768 行、每行 1024 个像素点组成。图像分辨率既反映了图像的精细程度,又表示了图像的大小。在显示分辨率一定的情况下,图像分辨率越高,图像越清晰,同时图像也越大。

(3) 输出分辨率

输出分辨率是指输出设备(主要指打印机)在每个单位长度内所能输出的像素点的个数,通常由 dpi(dots per inch,每英寸的点数)来表示。输出分辨率越高,输出的图像质量就越好。

3. 颜色模式

颜色模式是指在显示器屏幕上和打印页面上重现图像色彩的模式。不同的颜色模式中用于图像显示的颜色数不同,拥有不同的通道数和图像文件大小。

(1) 灰度模式

灰度模式只有灰度色(图像的亮度)、没有彩色。在灰度色图像中,每个像素都以 8 位或 16 位显示,取值范围为 0(黑色)~255(白色),即最多可以使用 256 级灰度。

(2) RGB 模式

RGB 模式用红(R)、绿(G)、蓝(B)三原色混合产生各种颜色,该模式图像中每个像素 R、G、B 的颜色值均在 0~255 之间,每个像素的颜色信息由 24 位颜色位深度来描述,即所谓的真彩色。RGB 模式是 Photoshop 中最常用的颜色模式,也是 Photoshop 默认的颜色模式。对于编辑图像而言,RGB 是最佳的颜色模式,但不是最佳的打印模式,因为其定义的许多颜色超出了打印范围。

(3) CMYK 模式

CMYK 模式是一种减色色彩模式,是一种基于青(C)、洋红(M)、黄(Y)和黑(K)4 色印刷的印刷模式。CMYK 模式是通过油墨反射光来产生色彩的,因其中一部分光线会被吸收,所以该模式定义的色彩数比 RGB 模式少得多,是最佳的打印模式。若图像由 RGB 模式直接转换为 CMYK 模式将损失一部分颜色。

(4) Lab 模式

Lab 模式由三个通道组成,其中 L 通道是亮度通道;a 通道是从深绿色(低亮度值)到灰色(中亮度值),再到亮粉红色(高亮度值)的颜色通道;b 通道是从亮蓝色(低亮度值)到灰色(中亮度值),再到焦黄色(高亮度值)的颜色通道。

Lab 模式是 Photoshop 内部的颜色模式,可以表示的颜色最多,是目前色彩范围最广的一种颜色模式。在颜色模式转换时,Lab 模式转换为 CMYK 模式不会出现颜色丢失现象,因此,在 Photoshop 中常利用 Lab 模式作为 RGB 模式转换为 CMYK 模式的中间过渡模式。

除上述四种基本颜色模式外,Photoshop 还支持位图模式、双色调模式、索引颜色模式和多通道模式等。

4. 图形图像存储格式

图形图像的存储格式有很多种，每种格式都有不同的特点和应用范围，可根据不同的需求将图形图像保存为不同格式。

（1）BMP 格式

BMP 格式是位图格式，是 Windows 系统中的标准图像格式。这种格式不采用压缩技术，所以占用磁盘空间较大。

（2）JPEG 格式

JPEG 格式采用 JPEG（Joint Photographic Experts Group，联合图像专家组）压缩标准进行压缩的图像文件格式，它是一种有损压缩格式，占用存储空间小，适合网络传输，可以显示网页（HTML）文档中的照片和其他连续色调图像，是最常用的图像文件格式。

（3）PSD 格式

PSD 格式是 Photoshop 专用的图像文件格式，可以将 Photoshop 的图层、通道、颜色模式等信息都保存起来，以便于图像的修改。它是一种支持所有颜色模式的图像文件格式。

（4）GIF 格式

GIF（Graphics Interchange Format，图形交换格式）是一种压缩的图像文件格式，占用存储空间较小，适合网络传输，可以显示网页（HTML）文档中的索引颜色图形和图像。GIF 格式有 256 种颜色，可以形成动画效果。

（5）TIFF 格式

TIFF（Tagged Image File Format，标记图像文件格式）是一种压缩的图像文件格式，占用存储空间较小，适合网络传输，可以显示网页（HTML）文档中的索引颜色图形和图像。

（6）PDF 格式

PDF（Portable Document Format，可移植文件格式）格式与软、硬件和操作系统无关，是一种跨平台的文件格式，便于交换文件与浏览，它支持 RGB、CMYK 和 Lab 等多种颜色模式。

（7）EPS 格式

EPS（Encapsulated PostScript，压缩 PostScript 语言文件格式）格式是为在 PostScript 打印机上输出图像开发的格式，其最大的优点在于可以在排版软件中以低分辨率预览，而在打印时以高分辨率输出。

1.2 Photoshop CC 简介

1. Photoshop 基本功能

（1）图像编辑

图像编辑是图像处理的基础，可以对图像做各种变换如放大、缩小、旋转、倾斜、镜像、透视等；也可进行复制、去除斑点、修补、修饰图像的残损等。

（2）图像合成

图像合成则是将几幅图像通过图层操作、工具应用合成完整的、传达明确意义的图像。

（3）校色调色

校色调色可方便快捷地对图像的颜色进行明暗、色偏的调整和校正，也可在不同颜色进行切换以满足图像在不同领域如网页设计、印刷、多媒体等方面应用。

（4）特效制作

特效制作主要由滤镜、通道及工具综合应用，完成图像的特效创意和特效字的制作。

2. Photoshop CC 新增功能

（1）保存到云

Photoshop CC 可以将用户的所有设置，包括首选项、窗口、笔刷、资料库等，以及正在创作的文件，全部同步至云端。无论用户是用 PC 或 Mac，即使更换了新的计算机，安装了新的软件，只需登录自己的 Adobe ID，即可立即找回熟悉的工作区。

（2）相机防抖功能

挽救因为相机抖动而失败的照片。不论模糊是由于慢速快门或长焦距造成的，相机防抖功能都能通过分析曲线来恢复其清晰度。

（3）全新的 Camera Raw 功能

Camera Raw 原本是 Adobe 随 Photoshop 一同提供的 RAW 图像处理工具。专门用来调试后期空间非常大的 Raw 格式照片，重新处理 Raw 格式照片以得到所需的效果，例如对白平衡、色调范围、对比度、颜色饱和度以及锐化进行调整。升级的 Photoshop CC 可以将 Camera Raw 所做的编辑以滤镜方式应用到 Photoshop 内的任何图层或文档中，然后随心所欲地加以美化。在最新的 Adobe Camera Raw 8 中，可以更加精确地修改图片、修正扭曲的透视，并建立晕映效果。

（4）更好的 3D 工具

Photoshop CC 中将 3D 绘图、效果、场景面板进行了改良，3D 工具的编辑功能有了新的飞跃。当在 3D 物件和纹理对应上进行绘图时，即时预览的速度最高可加快 100 倍，互动效果也更好。有了强大的 Photoshop 绘图引擎，任何的 3D 模型都看起来栩栩如生。3D 场景（3D Scene）面板可使 2D 到 3D 编辑的转变更为顺畅；此面板具备许多已熟知的图层面板选项，例如复制、范例、群组和删除等。除此之外，还可以制作发光效果，照明效果，灯泡光环以及各种纹理等 3D 效果。

（5）全新的智能锐化

丰富的纹理、清晰的边缘与明确的细节。全新的智能锐化是目前最先进的锐化技术。该技术会分析图像，将清晰度最大化并同时将噪点和光晕最小化，可以藉其进行微调，以取得外观自然的高质量结果。

（6）CSS 属性复制

以手动方式编写网页设计的程序代码时，不一定能取得与原始元素相符的元素（例如圆角和色彩）。现在，可透过 Photoshop CC 针对特定的设计元素产生 CSS 程序代码，然后轻松将程序代码复制并贴至网页编辑器，即可获得需要的结果。

（7）图片放大保留更多细节

在 Photoshop CC 中可将低分辨率的图像放大，使其拥有更优质的印刷效果，或者将一张大尺寸图像放大成海报和广告牌的尺寸。新的图像提升采样功能可以保留图像更多的细节和锐度并且不会因为放大而变得模糊和杂色增多。

（8）条件动作

Photoshop CC 可让动作功能完成大量重复性工作。新的条件动作加入了"IF/THEN"的条件判断功能，可以根据设定条件针对不同照片应用不同动作，提高工作效率。

案例 1　海中戏水——图片浏览

案例描述

在 Photoshop 中以不同的比例观察如图 1-1 所示的海中戏水的图片，既要观察整体效果，又要有不同位置的细致观察。

图 1-1　在 Photoshop CC 中打开图像文件

案例解析

- 启动 Photoshop CC 程序并在该程序中打开文件。
- 熟悉 Photoshop CC 的工作界面。
- 学习使用"抓手工具"和"缩放工具"进行图像全局或指定部分的浏览与细节观察。
- 学习使用标尺、参考线对图像进行精确定位。
- 初步认识图层，了解 Photoshop 的构图理念。

（1）双击 Photoshop CC 的快捷图标，或选择"开始→程序→Adobe Photoshop CC"命令，启动 Photoshop CC 程序，然后选择 "文件→打开"菜单命令，打开如图 1-1 所示的图像文件。

（2）单击工具箱中的"缩放工具"图标 ，在图像窗口中单击，将图像放大到 150% 的显示比例。

（3）按住【Alt】键的同时用"缩放工具"，在图像窗口中单击，将图像缩小到 50% 的显示比例，如图 1-2 所示。

（4）单击工具箱中的"抓手工具"，在图像窗口中拖动鼠标，可以移动图像，以观察图像的其他部分，如图1-3所示。

图1-2 50%比例显示的图像窗口

图1-3 图像改变位置的窗口

（5）单击工具箱中的"缩放工具"，在工具栏选项栏中，单击"适合屏幕"，将图像调整为适合屏幕的显示比例。

（6）选择"视图→标尺"菜单命令，快捷键【Ctrl+R】，可显示或隐藏水平标尺和垂直标尺的状态。

（7）在标尺上向图像方向拖动鼠标，拖动出一条水平参考线和一条垂直参考线，如图1-4所示。

（8）选择"视图→显示→网格"菜单命令，快捷键【Ctrl+'】，在当前图像窗口中显示网格，如图1-5所示。

图1-4 显示标尺和参考线的图像窗口

图1-5 显示网格的图像窗口

（9）选择"文件→存储为"菜单命令，将图像文件保存。

1.3 Photoshop CC 工作界面

启动Photoshop CC程序，可以看到Photoshop CC的工作界面主要由标题栏、菜单栏、工具栏选项栏、工具箱、调板、图像窗口等组成，如图1-6所示。

模块一　认识 Photoshop CC

菜单栏
工具选项栏
工具箱

图像窗口　　调板

▶ 图 1-6　Photoshop CC 工作界面

1. 菜单栏

菜单栏位于标题栏的下方，在 11 个菜单项中包含了 Photoshop 所有的操作命令，单击菜单项后，在下拉菜单中选择相应的命令，可执行相应的操作。例如，"3D"菜单可以创建 3D 模型等如图 1-7 所示；"窗口"菜单可以设置调板的显示/隐藏等。

2. 工具箱

工具箱位于窗口的最左侧，包含了用于图像绘制和编辑处理的 60 多种工具，按照功能和用途主要分为选取和编辑类工具、绘图类工具、修图类工具、路径类工具、文字类工具、填色类工具及预览类工具。

工具箱有较强的伸缩性，通过单击工具箱顶部的伸缩栏，可以在单栏和双栏之间进行切换，便于灵活利用工作区的空间进行图像处理。

工具箱将功能相近的工具归为一组放在一个工具按钮中，按钮右下角有一个黑色三角的表明是一个工具组按钮，只要在该按钮上按下左键不放或右击该按钮时，就可以打开相应的工具组，如图 1-8 所示。

3. 工具选项栏

选择了工具箱的工具后，与该工具相应的选项便出现在工具选项栏中，工具选项栏默认位于菜单栏的下方。例如："圆角矩形工具" 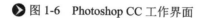 后将显示圆角矩形工具的各项编辑参数，通过对各选项参数的设置可以设定该工具不同的工作状态，如图 1-9 所示。

4. 调板

调板默认位于窗口的最右侧，Photoshop 提供了 20 多种调板，每一种调板都有特定的功能。

图 1-7 "3D"菜单

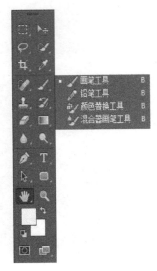

图 1-8 工具箱中的"画笔"工具组

图 1-9 "圆角矩形工具"选项栏

（1）调板的展开与收缩

调板同工具箱一样也具备伸缩性，利用调板顶端的"扩展停放"按钮，可以将调板展开，也可以将其全部收缩为图标。

（2）拆分和组合调板

用鼠标拖动调板的标签至工作区的空白区域，即可将调板分离成一个独立的调板窗口，如图 1-10 所示为拆分的独立历史记录调板。用鼠标拖动一个独立的调板至目标调板上，直至目标调板呈蓝色反光状态松开鼠标即可，如图 1-11 所示为图层、通道、路径的组合调板。

图 1-10 独立的历史记录调板

图 1-11 图层、通道、路径的组合调板

（3）调板菜单

在每一个调板的右上角均有一个调板菜单按钮，单击即可展开该调板的菜单。

1.4 图像文件的基本操作

1. 新建图像文件

选择"文件→新建"命令或按快捷键【Ctrl+N】，打开"新建"对话框，如图 1-12 所示。
- "名称"框：用来输入新建文件的名称。
- "预设"框：可以从中选择新建文件的尺寸。
- "宽度"和"高度"框：用来自定义文件的尺寸。
- "分辨率"框：用于设置图像的分辨率，在文件高度和宽度不变的情况下，分辨率越高，图像越清晰。
- "颜色模式"下拉列表：用于选择图像的颜色模式。
- "背景内容"下拉列表：用于选择新建图像的背景色。

在该对话框中设置完各项参数后，单击"确定"按钮，即可在 Photoshop 工作环境中新增一个画布窗口。

2. 保存图像文件

选择"文件→存储为"命令或使用快捷键【Shift+Ctrl+S】，即可弹出"另存为"对话框如图 1-13 所示。在该对话框中可以设置文件的保存位置、文件名、文件保存格式等，设置完毕后，单击"保存"按钮。

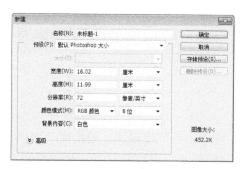

▶ 图 1-12 "新建"对话框

▶ 图 1-13 "另存为"对话框

3. 打开图像文件

选择"文件→打开"命令或使用快捷键【Ctrl+O】，即可弹出"打开"对话框，在相应的文件夹中选择要打开的图像文件，单击"打开"按钮。

1.5 图像浏览

在使用 Photoshop 编辑图像时，以适当的比例显示图像非常关键。因为在编辑图像时有时需要从整体的角度来观察图像，有时还要对细微之处进行精细修改，所以学会在 Photoshop 窗口中以不同的显示比例浏览图片很有必要。

1. 缩放工具

缩放工具用来放大或缩小图像的显示比例。选择该工具后，用鼠标每单击一次图像，图像将按设定的比例进行放大；在单击的同时按下【Alt】键，每单击一次则按设定的比例进行缩小；双击"缩放工具"，可使图像以100%的比例显示；若利用"缩放工具"在图像中拖动出一个矩形框，则矩形框中的图像部分会放大显示在图像窗口中。

在"视图"菜单中有一组改变图像显示比例的命令，在缩放工具选项栏中也有相应命令，如图1-14所示。

图1-14 "缩放工具"选项栏

- 放大【Ctrl++】：放大图像显示。
- 缩小【Ctrl+-】：缩小图像显示。
- 按屏幕大小缩放【Ctrl+0】：适合屏幕大小显示。
- 100%【Ctrl+1】：使图像以实际像素显示。
- 200%：使图像以200%的比例显示。
- 打印尺寸：使图像以实际打印的尺寸显示。

2. 抓手工具

若图像本身的尺寸较大或图像放大后，超出了图像窗口的显示范围，只要选择工具箱中的"抓手工具"，在画布中拖动鼠标，可观察图像的不同区域。抓手工具的选项栏如图1-15所示，可以设置图像以实际大小显示、适合屏幕大小显示、填充屏幕大小显示等。

图1-15 "抓手工具"选项栏

3. 辅助工具

利用 Photoshop 进行图像编辑时，一些常用的辅助操作是不可或缺的。如常用的网格、标尺、参考线可以在绘制和移动图形的过程中精确地对图形进行定位和对齐，从而提高操作时的准确性。

（1）网格
- 网格的显示与隐藏：选择"视图→显示→网格"菜单命令，或使用快捷键【Ctrl+'】，在当前图像窗口中就会显示网格；再次选择该命令，就会隐藏网格。选择"视图→对齐到→网格"菜单命令，可以使绘制的选区或图形自动对齐到网格线上；再次选择该命令，可关闭对齐网格命令。
- 网格的设置：选择"编辑→首选项→参考线、网格和切边"菜单命令，弹出"首选项"对话框，在对话框中设置"网格"的参数，单击"确定"按钮，如图1-16所示。

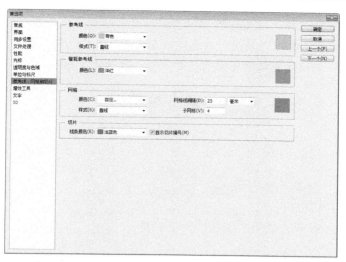

▶ 图 1-16 "首选项"对话框-参考线、网格和切片

（2）标尺
- 标尺的显示与隐藏：选择"视图→标尺"菜单命令，或使用快捷键【Ctrl+R】，标尺将显示在窗口中，再次选择该命令，标尺将被隐藏。
- 标尺的设置：选择"编辑→首选项→单位与标尺"菜单命令，弹出"首选项"对话框，在对话框中设置"标尺"的参数，单击"确定"按钮，如图1-17所示。

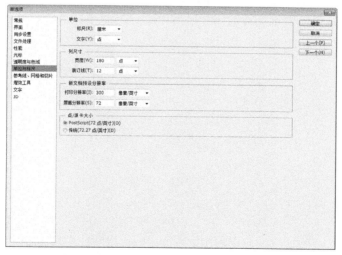

▶ 图 1-17 "首选项"对话框-单位与标尺

（3）参考线
- 新建参考线：选择"视图→新建参考线"菜单命令，弹出"新建参考线"对话框，进行"取向"与"位置"的设置后，单击"确定"按钮。或在标尺上向图像方向拖动鼠标，可产生出水平或垂直参考线。
- 参考线的显示与隐藏：选择"视图→显示→参考线"菜单命令，或使用快捷键【Ctrl+;】，参考线将显示在窗口中，再次选择该命令，参考线将被隐藏。
- 锁定参考线：选择"视图→锁定参考线"菜单命令，参考线将被锁定，不能移动；再次选择该命令，可解除参考线的锁定。

- 清除参考线：选择"视图→清除参考线"菜单命令，全部参考线被清除。
- 参考线的设置：选择"编辑→首选项→参考线、网格和切边"菜单命令，弹出"首选项"对话框，在对话框中设置"参考线"的参数，单击"确定"按钮。

思考与实训 1

一、填空题

1. 计算机处理的图形图像分为＿＿＿＿＿＿和＿＿＿＿＿＿。
2. 分辨率分为显示分辨率、＿＿＿＿＿＿和＿＿＿＿＿＿。
3. 支持 Photoshop 所有功能的图像文件格式是＿＿＿＿＿＿。
4. RGB 模式用＿＿＿＿、＿＿＿＿、＿＿＿＿三原色混合产生各种颜色。
5. Photoshop 的基本功能有＿＿＿＿＿＿、＿＿＿＿＿＿和＿＿＿＿＿＿。

二、上机操作题

1. 新建一个长、宽分别为 29 厘米和 21 厘米，分辨率为 72 像素，背景色为白色的图像，以"卡通人物"为文件名保存。
2. 打开"雾霾天气.jpg"，如图 1-18 所示。
（1）将图像的显示比例放大至 150%。
（2）用抓手工具查看图像文件的每一区域。

▶ 图 1-18　"雾霾天气.jpg"文件

模块二

常 用 工 具

案例2 月下小屋——规则选区的创建和填充

案例描述

制作如图2-1所示的月下小屋效果。

> 图2-1 月下小屋

案例解析

- 使用规则选框工具制作小屋的主体和月亮。
- 使用"填充"工具或快捷键填充颜色。
- 使用"描边"命令绘制门和窗户。

（1）选择"文件→新建"命令，打开"新建"对话框，具体参数的设置如图2-2所示，单击"确定"按钮，创建一个新文档。

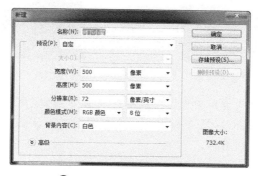

> 图2-2 "新建"对话框

（2）查看工具箱中的"设置前景色"图标是否为黑色，若不是，按键盘上的【D】键，使前景色和背景色恢复为默认值（前景色和背景色分别为黑色和白色）。

（3）选择工具箱中的"油漆桶"工具，在背景层上单击鼠标左键，或按【Alt+Delete】组合键，为背景层填充黑色。

（4）单击"图层"面板中的"创建新图层"按钮，新建一个图层，重命名为"房子主体"，选中该图层，使其成为当前图层。

（5）选择工具箱中的"矩形选框"工具，在画布上拖动鼠标，创建出一个矩形选区，选择"选择→变换选区"命令，选区上出现8个控制点，如图2-3所示。

（6）在选区内单击鼠标右键，在弹出的对话框中选择"透视"命令，将鼠标指向选区左上角的控制柄，按下鼠标左键向右拖动，选区右上角的控制点随之左移，如图2-4所示，直到选区上方的三个控制点完全重合为止。

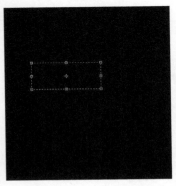

图2-3 变换选区

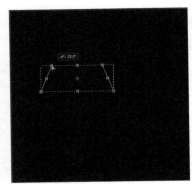

图2-4 透视效果

（7）按Enter键或在选区内双击鼠标左键，使选区变换生效，得到如图2-5所示的三角形选区。

（8）选择工具箱中的"矩形选框"工具，在选项栏中选择"添加到选区"按钮，在三角形选区的下方绘制一个合适大小的矩形选区，得到如图2-6所示的选区。

图2-5 三角形选区效果

图2-6 "添加到选区"效果

（9）单击工具箱中的"设置前景色"按钮，打开如图2-7所示的"拾色器（前景色）"对话框，设置前景色为#878787，按【Alt+Delete】组合键对选区填充颜色，按【Ctrl+D】组合键取消选区，得到房子的主体结构。

模块二　常用工具

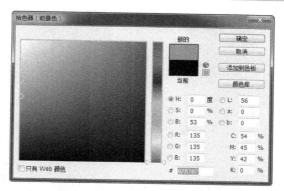

▶ 图 2-7　"拾色器"对话框

（10）新建一个图层，重命名为"门"，使该图层成为当前图层。选择工具箱中的"椭圆选框"工具，按住【Shift】键的同时拖动鼠标，创建出一个正圆形选区。

（11）选择工具箱中的"矩形选框"工具，在选项栏中选择"添加到选区"按钮，在正圆形选区的中间绘制一个合适大小的矩形选区，如图 2-8 所示，得到"门"选区。

（12）选择"编辑→描边"命令，打开如图 2-9 所示的"描边"对话框，设置宽度为 1 像素，颜色为黑色，单击"确定"按钮，效果如图 2-10 所示。

▶ 图 2-8　"门"选区

▶ 图 2-9　"描边"对话框

（13）按【Ctrl+D】组合键取消选区，选择工具箱中的"矩形选框"工具，在靠近门的右侧创建一个小的矩形选区，并用黑色填充，作为门把手。

（14）新建一个图层，重命名为"窗户"，使该图层成为当前图层。选择工具箱中的"矩形选框"工具，在门的右上方创建一个矩形选区，并用黑色描边，作为窗户的外边框。按【Ctrl++】组合键放大图像显示比例，在窗户内部创建一个矩形选区，用黑色描边，作为窗户的第一个窗格，按键盘上的光标移动键，移动选区至合适位置，使用黑色描边，作为第二个窗格。同样的方法，绘制另外两个窗格，其效果如图 2-11 所示。

（15）新建一个图层，重命名为"烟囱"，使该图层成为当前图层。选择"矩形选框"工具，在房顶的上方创建一个矩形选区，将前景色设置为#878787，使用"油漆桶"工具为选区填充颜色，作为烟囱。

（16）选择"椭圆选框"工具，在烟囱的左上方依次创建椭圆选区，并用前景色填充颜色，作为烟囱中冒出的烟，其效果如图 2-12 所示。

图 2-10 "描边"效果

图 2-11 窗户效果

图 2-12 烟囱效果

（17）新建一个图层，重命名为"月亮"，使该图层成为当前图层。选择"椭圆选框工具"，在选项栏中将"羽化"值设置为 5，在房顶的右上方创建一个正圆形选区，将前景色设置为#f1f334，用前景色为选区填充颜色，得到的最终效果如图 2-1 所示。

（18）选择"文件→存储为"命令，打开"另存为"对话框，设置保存位置，输入文件名称，格式使用默认的 psd 格式，单击"保存"按钮。

2.1 规则选框工具组

规则选框工具组包括"矩形选框"工具、"椭圆形选框"工具、"单行选框"工具及"单列选框"工具，其作用是创建形状规则的选区。将鼠标指向工具箱中的规则选框工具，按下鼠标左键不放或单击鼠标右键，打开如图 2-13 所示的规则选框工具组，移动鼠标至要选择的工具上，单击鼠标左键可选择相应的工具。

图 2-13 规则选框工具组

选择矩形或椭圆选框工具后，移动鼠标至画布中，通过按下鼠标左键拖动，可创建矩形或椭圆选区。
- 直接拖动，可创建任意大小、任意比例的矩形或椭圆选区；
- 按下【Shift】键的同时拖动，可创建一个正方形或正圆形选区；
- 按下【Alt】键的同时拖动，可创建一个以鼠标落点为中心的矩形或椭圆选区；
- 按下【Alt】+【Shift】组合键的同时拖动，可创建一个以鼠标落点为中心的正方形或正圆形选区。

选择单行或单列选框工具后，在画布中单击鼠标左键，可创建出一个单行或单列的选区。

选择任一规则选框工具后，将出现该工具的选项栏，图 2-14 所示是选择"矩形选框"工具后的选项栏。

图 2-14 "矩形选框工具"选项栏

1. 选区的运算

（1）新选区：这是创建选区的默认方式。在该方式下，选择任一选框工具，在图像中拖动，将创建一个新选区，若图像中原来有选区，则原选区消失。

（2）添加到选区：单击"添加到选区"按钮 ，新创建的选区将与图像中的原有选区相加，如图 2-15 所示。

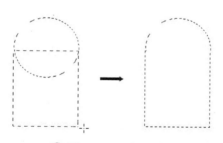

图 2-15 添加到选区

（3）从选区减去：单击"从选区减去"按钮 ，新创建的选区若与原有选区互相交叉，则从原有选区中减去交叉部分，如图 2-16 所示。

图 2-16 从选区减去

（4）与选区交叉：单击"与选区交叉"按钮 ，新创建的选区若与图像中的原有选区互相交叉，则只保留交叉部分，如图 2-17 所示；若新建的选区与原有选区没有交叉，则给出一个错误提示信息，如图 2-18 所示。

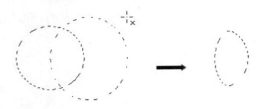
▶ 图 2-17 与选区交叉图

▶ 图 2-18 "未选择任何像素"提示信息

2. 羽化

羽化的作用是柔化选区的边缘，使选区的边缘产生自然的过渡效果。羽化值越大，柔化的范围就越大，选区填充颜色后的柔化效果就越明显，如图 2-19 所示。

羽化值 0px　　　羽化值 5px　　　羽化值 10px

▶ 图 2-19 羽化效果

3. 消除锯齿

由于像素是方形的，对于不是由单纯的水平线和垂直线构成的选区，不可避免在选区边缘产生锯齿，选择该选项，可使选区的边缘尽量变得平滑、整齐。

4. 样式

样式的作用是设置创建选区的大小和比例，仅对矩形和椭圆选区起作用。在"样式"下拉列表中有三个选项，默认值为"正常"，如图 2-20 所示。

▶ 图 2-20 "样式"下拉列表

- 正常：创建任意大小、任意比例的选区。
- 固定比例：创建大小任意但宽、高比例固定的选区。
- 固定大小：创建大小固定的选区。

2.2 颜色的选取与设定

在 Photoshop 中，选取与设定颜色的操作比较灵活，常见的方法有以下四种。

1. 使用"拾色器"设置颜色

这是设置颜色最常用的一种方法，单击工具箱下方的"设置前景色"或"设置背景色"图标,如图 2-21 所示,打开如前面图 2-7 所示的"拾色器"对话框,在色盘中选择一种颜色,或直接在"拾色器"对话框下方的文本框中输入颜色代码,即可设置前景色或背景色。

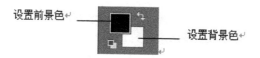

> 图 2-21　设置前景色/设置背景色图标

按键盘上的【D】键或单击"默认前景色/背景色"按钮 ，可将前景色和背景色设置为默认颜色。单击"切换前景色/背景色"按钮 ，或按键盘上的【X】键,可以实现前景色和背景色的切换。

2. 使用"色板"面板

选择"窗口→色板"命令,或单击画布右边的"颜色"按钮 ，在展开的面板中选择"色板"标签,可打开如图 2-22 所示的"色板"面板,移动鼠标到"色板"面板中,鼠标的指针变为吸管形状,单击某一色块可将其颜色设置为前景色;若按住【Ctrl】键的同时单击某一色块则将其颜色设置为背景色。

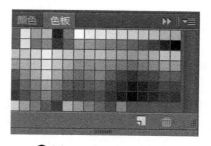

> 图 2-22　"色板"面板

3. 使用"颜色"面板

选择"窗口→颜色"命令,或在如图 2-22 所示的面板中单击"颜色"标签,可展开"颜色"面板,如图 2-23 所示。

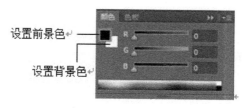

> 图 2-23　"颜色"面板

单击"设置前景色"或"设置背景色"图标,在"颜色取样条"上单击某种颜色,可将其设置为前景色或背景色,也可以拖动各颜色通道下方的滑块,自己搭配需要的颜色。若要精准地选取某种颜色,可在各通道色条右边的文本框中输入相应颜色的数值。

4. 使用"吸管"工具

"吸管"工具的作用是拾取颜色。单击工具箱中的"吸管"工具 ，将鼠标移到画布中，指向需要的颜色，按下鼠标左键，打开如图 2-24 所示的色环，色环外圈的颜色为灰色，用来衬托内圈的颜色，内圈的上半部分显示的是当前颜色，下半部分显示的是原来的前景色，以实现颜色的对比，松开鼠标左键，就可以将当前颜色设置为前景色；若按住【Alt】键的同时单击某种颜色则将其设置为背景色。

图 2-24　色环

2.3 填充工具组

在 Photoshop 中，为图层或选区填充颜色的方法有两种，一种是使用填充工具，一种是使用菜单命令或快捷键。

Photoshop CC 的填充工具有两种："油漆桶"工具和"渐变"工具。将鼠标指向工具箱中的填充工具，按下鼠标左键不放或单击鼠标右键，将打开如图 2-25 所示的填充工具组，移动鼠标至要选择的工具上，单击鼠标左键可选择相应的工具。

图 2-25　填充工具组

1. "油漆桶"工具

使用"油漆桶"工具可以为选区或当前图层中颜色相近（容差范围内）的区域填充前景色或图案。

选择"油漆桶"工具，出现其选项栏，如图 2-26 所示，进行相关设置后，在选区或当前图层中单击，即可为当前选区或图层中与鼠标单击点颜色相近的区域填充颜色或图案。

图 2-26　油漆桶工具

- "设置填充区域的源"：设置用前景色还是图案填充。若选择"前景"，则使用前景色填充；若选择"图案"，则其右边的"图案列表"框被激活，可以从中选择一种图案进行填充。
- "模式"选项：用于设置填充颜色或图案与图像原有颜色的混合方式
- "不透明度"选项：设置填充颜色或图案的不透明度，数值越大，填充的颜色或图案的透明度越低，若使用默认值100%，则填充的颜色或图案完全不透明。
- "容差"：用于设置每次填充的范围。数值越大，允许填充的范围就越大。
- "消除锯齿"选项：选择该项，能使填充的边缘变得平滑。
- "连续的"选项：选择该选项，填充的区域是和鼠标单击点颜色相近的连续部分；若不选择该项，填充的范围是所有和鼠标单击点颜色相近的区域。
- "所有图层"选项：选择该选项，单击点的颜色是所有图层的可见颜色，若不选择该项，单击点的颜色仅是当前图层的颜色。

2. "渐变"工具

使用"渐变"工具可以为当前图层或选区填充两种或两种以上颜色过渡的渐变色，使图像产生颜色渐变效果。

选择"渐变"工具，出现其选项栏，如图 2-27 所示，进行相关设置后，在选区或当前图层中拖动鼠标，即可为当前选区或图层填充渐变色。

▶ 图 2-27　"渐变工具"选项栏

（1）选择渐变样式

单击"点按可编辑渐变"按钮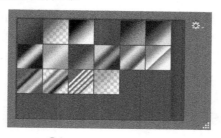右边的小箭头，可打开如图 2-28 所示的"渐变拾色器"，从中选择需要的渐变样式。

▶ 图 2-28　渐变拾色器

（2）自定义渐变样式

如果在"渐变拾色器"中没有需要的渐变样式，那就需要自定义了。单击"点按可编辑渐变"按钮，打开"渐变编辑器"对话框，如图 2-29 所示。

- "预设"区：列出了 Photoshop CC 自带的渐变样式，从中选择一种样式，可直接使用也可编辑后再使用，单击该区右上角的小箭头，可在打开的列表中导入其他渐变样式，如图 2-30 所示。
- 渐变类型：有实底和杂色两种。
- 渐变色条：用来编辑渐变样式，其下方的色标为颜色色标，用于设置颜色，上方的色标为不透明度色标，用于设置不透明度。色标的位置可以通过鼠标拖动的方法调整，也可以根据需要添加色标，方法是在渐变色条的上方或下方单击鼠标左键。对于不需要的色标，可在选中后按键盘上的【Delete】键或单击"删除"按钮删掉。

样式编辑完毕，单击"确定"按钮即可使用。若要保存该样式，可在"名称"框中输入名称，单击"新建"按钮，将其添加到渐变样式列表中。

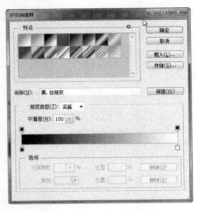

图 2-29　渐变编辑器

图 2-30　导入渐变样式

- "存储"按钮：单击该按钮，能将"预设"区的渐变样式列表保存到扩展名为 .grd 的文件中，可携带到其他计算机中使用。
- "载入"按钮：单击该按钮，能将保存在 grd 文件中的渐变样式导入到 Photoshop CC 中。

（3）渐变填充方式

Photoshop CC 提供了 5 种渐变填充方式，在选项栏上从左向右依次是线性渐变▢、径向渐变▢、角度渐变▢、对称渐变▢和菱形渐变▢。选择一种渐变填充方式后，在选区或图层中按下用鼠标左键拖动出一条直线，松开鼠标后，即可获得相应的渐变填充效果。

（4）几个渐变填充选项

- "反向"复选框：选择该选项后，渐变颜色的顺序变得与原来相反。
- "仿色"复选框：选择该选项后，会在填充的渐变颜色中添加一些杂色，防止打印时出现条带现象。
- "透明区域"复选框：在填充有透明设置的渐变样式时，若选择该项，会呈现相应的透明效果，否则，渐变样式中的透明设置不起作用，如图 2-31 所示。

(a)　　　　　　　　　　　　(b)

图 2-31　"透明区域"复选框选择前后的渐变填充效果对比

2.4　"移动"工具

"移动"工具的主要功能是改变当前图层或选区内对象的位置。选择"移动"工具后，在同一图像文件中直接拖动某一对象到目标位置，可实现该对象的移动；若按住【Alt】键的同时拖动，则将该对象复制了一份，并移动其位置。若将某一对象拖动到另一图像文件中，则将该对象复制到另一图像中，并实现位置的改变。

单击工具箱中的"移动"工具 ，出现其选项栏，如图2-32所示。

> 图2-32 "移动"工具选项栏

（1）"自动选择"复选框：若该项没被选择，只能移动当前图层中的内容。若选择了该项，并在其后的列表框中选择了"图层"，则在图像中单击鼠标时，会自动选择鼠标指针落点处第一个有可见像素的图层，并对该图层中的对象进行移动；若在列表框中选择"组"，则在图像中单击鼠标时，会自动选择鼠标指针落点处第一个有可见像素的图层所在的组，并对整个组中的图层进行移动。

（2）"显示变换控件"复选框：选择该项后，当前图层（背景层除外）或选区内的对象周围会出现一个控制框，如图2-33所示，可以通过控制框对图像进行缩放、旋转及变形操作。

> 图2-33 控制框

① 缩放。
- 将鼠标指向控制框的控点或边线上，鼠标指针变为双向箭头 时，拖动鼠标可对图像进行任意缩放。
- 按住【Shift】键的同时拖动控制框角上的控点，可对图像进行等比例缩放。
- 按住【Alt】键的同时拖动控点，将以中心点为基准对图像对称缩放。

② 旋转。

将鼠标移到控制框外侧，鼠标指针变为 形状时，拖动鼠标可使图像围绕中心点旋转。若中心点位置不合适，可以通过鼠标拖动的方法，改变其位置。

③ 变形。
- 按住【Ctrl】键的同时拖动控点，可使图像发生任意变形，如图2-34所示。
- 按住【Ctrl+Shift】组合键的同时拖动控点，可使图像发生斜切变形，如图2-35所示。
- 按住【Ctrl+Shift+Alt】组合键的同时拖动控点，使图像发生透视变形，如图2-36所示。

> 图2-34 任意变形　　　> 图2-35 斜切变形　　　> 图2-36 透视变形

案例3　超级本宣传页——图像的抠取与合成

案例描述

利用素材文件 intel 标志.jpg、超极本.jpg、海豚.jpg 制作如图 2-37 所示的超级本宣传页。

图 2-37　超级本宣传页

案例解析

- 使用"套索"工具、"多边形套索"工具、"魔棒"工具创建选区。
- 使用"编辑→选择性粘贴→贴入"命令为显示器填充画面。
- 使用"橡皮擦"工具擦除图像中多余的部分。
- 使用文字工具输入文字。

（1）选择"文件→新建"命令，打开"新建"对话框，输入名称为"超级本宣传页"，宽度为 600 像素，高度为 800 像素，颜色模式为 RGB 颜色，背景为白色，其他项采用默认设置，单击"确定"按钮，创建一个新文档。

（2）选择工具箱中的"渐变"工具，设置渐变色为蓝（#6da1f6）白渐变，渐变方式选择线性渐变，为背景图层自上而下填充渐变色。

（3）打开素材文件"超极本.jpg"，选择工具箱中的"多边形套索"工具，沿超级本的边缘绘制选区，如图 2-38 所示。在绘制过程中遇到拐角时，单击鼠标左键，形成一个关键点，若发现某一关键点不理想，可按键盘上的【Delete】键删除，回到起点后，光标下出现一个圆圈，单击鼠标左键，形成一个闭合选区，选中整个超级本，如图 2-39 所示。

（4）按【Ctrl+C】组合键复制选区内容，激活"超级本宣传页"文件，按【Ctrl+V】组合键进行粘贴。选择工具箱中的"移动工具"，移动超级本至合适位置，按【Ctrl+T】组合键，超级本四周出现 8 个控制点，按住【Shift】键的同时拖动角上的控制点，按比例调整超级本至合适大小，如图 2-40 所示。

（5）打开"海豚.jpg"文件，选择工具箱中的"矩形选框"工具，在图形的左下角创建一个只包含海水的矩形选区，按【Ctrl+C】组合键复制选区内容。激活"超级本宣传页"文件，选择"多边形套索"工具，沿显示屏外边缘绘制出一个选区，如图2-41所示，选择"编辑→选择性粘贴→贴入"命令，为显示器填充海水画面，效果如图2-42所示。

（6）激活"海豚.jpg"文件，选择"套索"工具，在图形中绘制包含海豚景的选区，如图2-43所示，按【Ctrl+C】组合键复制选区内容。

▶ 图2-38　选取超级本

▶ 图2-39　闭合选区

▶ 图2-40　调整超级本大小

▶ 图2-41　选择显示屏

▶ 图2-42　显示器填充效果

▶ 图2-43　选择海豚

（7）激活"超级本宣传页"文件，按【Ctrl+V】组合键进行粘贴。按【Ctrl+T】组合键，调整海豚至合适大小，如图2-44所示。选择工具箱中的"移动工具"，移动海豚至合适位置。选择"橡皮擦"工具 ，设置画笔为适当大小，硬度为 0%，将图像中多余的像素擦除，效果如图 2-45 所示。

图 2-44　调整大小　　　　　　　　　图 2-45　海豚跃出效果

（8）选择工具箱中的"横排文字"工具，在选项栏中设置字体为黑体，大小为 30 点，颜色为白色，在画布的左上角输入文字"极速超级本"，选中文字，单击选项栏中的"创建文字变形"按钮 ，在弹出的"创建文字变形"对话框中将文字样式设置为"波浪形"，单击选项栏中的"提交所有当前编辑"按钮 或按【Ctrl+Enter】组合键，效果如图 2-46 所示。

（9）选择工具箱中的"直排文字"工具，设置字体为黑体，大小为 14 点，颜色为白色，在海豚的右边拖出一个矩形文本框，输入文字"CPU 型号：Intel 酷睿 i3 3229Y　CPU 主频：1.4GHz　　内存容量：2GB（2GB×1）　DDR3L　硬盘容量：128GB SSD 固态硬盘显卡芯片：Intel GMA HD 4000　　操作系统：预装 Windows"，效果如图 2-46 所示。

（10）选择工具箱中的"横排文字"工具，设置字体为黑体，大小为 24 点，颜色为 #5a5656，在超级本的下方输入文字"绚丽亮屏 精彩纷呈"。改变文字大小为 18 点，在画布下方拖出一个矩形文本框，输入"1366×768 高分辨率　170°宽视角　清晰画面更加宽广、色彩明艳亮丽　整机仅 1.35kg，厚度 17.2mm，轻薄兼备"，效果如图 2-46 所示。

（11）打开文件 intel 标志.jpg，选择工具箱中的"魔棒"工具，取消对"连续"复选框的选择，在白色区域单击，选中所有白色区域，按【Ctrl+Shift+I】组合键反选，选中 Intel 标志，如图 2-47 所示，按【Ctrl+C】组合键复制选区内容。

图 2-46　输入文字后的效果　　　　　　图 2-47　选择 intel 标志

（12）激活"超级本宣传页"文件，按【Ctrl+V】组合键粘贴。选择"移动"工具，移动 intel 标志至画布右下角，按【Ctrl+T】组合键，调整大小，得到的效果如图 2-37 所示。

（13）单击"图层"面板中的"创建新图层"按钮，新建一个图层。选择工具箱中的"画笔"工具，单击工具选项栏中的"切换画笔面板"按钮，打开"画笔"面板，选择"画笔笔尖形状"类别，设置画笔大小为 4 像素，硬度为 100%，间距为 300%。单击工具箱中的"设置前景色"按钮，设置前景色为黑色，分别移动鼠标至画布的右上角和左下角，绘制直线，如图 2-37 所示。

（14）选择"文件→存储为"命令，保存文件。

2.5 套索工具组

套索工具组包括"套索"工具、"多边形套索"工具和"磁性套索"工具，如图 2-48 所示，其主要作用是创建不规则形状的选区。

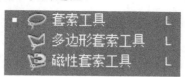

图 2-48　套索工具组

1. "套索"工具

"套索"工具主要用于创建对边缘要求不是很精准的任意形状的选区。选择该工具后，移动鼠标至要创建选区的起始位置，按下鼠标左键，沿着目标对象的边缘拖动鼠标，当回到起点时，松开鼠标左键，即创建一个任意不规则形状的选区。

2. "多边形套索"工具

"多边形套索"工具适合创建由若干段直线构成的选区。选择该工具后，移动鼠标至要创建选区的起始位置，单击鼠标左键，创建第一个关键点，然后沿着目标对象的边缘移动鼠标拖出一条直线，到需要改变方向的位置再次单击鼠标左键，形成第二个关键点，如此往复，直到回到起点，当鼠标指针右下角出现一个小圆圈时，单击鼠标左键，即可创建一个闭合的多边形选区。在创建过程中按【Delete】或【Backspace】键可删除最近创建的关键点。

3. "磁性套索"工具

"磁性套索"工具适合制作边缘比较清晰，且与背景颜色相差较大的图像的选区。选择该工具后，会出现如图 2-49 所示的选项栏，进行相应设置后，在要选取图像的起始点单击，然后沿图像边缘拖动鼠标，Photoshop 会自动将选区吸附到图像边缘，当回到起点时，"磁性套索"工具图标的右下角出现一个小圆圈，单击鼠标左键，就会形成一个封闭的选区。

图 2-49　"磁性套索"工具选项栏

- 宽度：取值范围为 1～256，用于设置"磁性套索工具"自动探测图像边界的宽度范围。该数值越大，探测的图像边界范围就越广。
- 对比度：取值范围为 1%～100%，用于设置"磁性套索工具"探测图像边界的敏感度。如果要选取的图像与周围图像的颜色对比度较强，就可以设置一个较高的值，反之，就要输入一个较低的值。
- 频率：取值范围为 0～100，用于设置创建选区时自动插入关键点的速率。数值越大，速率越快，关键点就越多，如图 2-50 所示。当要选取的图像的边缘较复杂时，需要设置较大的频率值。

（a）　　　　　　　　　　　　　　　　（b）

图 2-50　频率为 32 和 80 时选区对比

2.6 魔棒工具组

魔棒工具组是 Photoshop 提供的一组快速创建选区的工具，包括"魔棒"工具和"快速选择"工具，如图 2-51 所示。

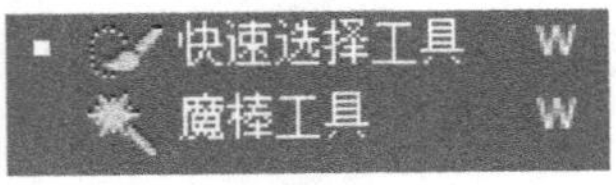

图 2-51　魔棒工具组

1. "魔棒"工具

对于一些颜色比较单一的图像，通过"魔棒"工具可以很快速的将图像选出。选择"魔棒工具"后，鼠标指针变成 形状，在图像中单击鼠标左键，与鼠标单击点处颜色在容差范围内的区域将被选中。"魔棒"工具的选项栏如图 2-52 所示。

图 2-52　"魔棒"工具选项栏

- 容差：用于设置取样时的颜色范围，其取值范围为 0～255。数值越大，选取的颜色范围越广，产生的选区就越大。
- 连续：若选择该项，选择的是颜色相近的连续区域；若不选择该项，则选择的是图像中所有颜色相近的区域，如图 2-53 所示。
- 对所有图层取样：若选择该项，"魔棒"工具选取的是所有图层可见颜色相近的区域，若不选择该项，选取的是当前图层中颜色相近的区域。如图 2-54 所示，图中的两朵菊花分属两个不同的图层，当前图层为较大菊花所在的图层，若选择了"对所有图层取样"复选框，用"魔棒"工具单击花瓣，两朵菊花均被选取，否则，只选取当前图层中的菊花。

（a）　　　　　　　　　　　　　　　　（b）

▶ 图 2-53　选择"连续"和未选择"连续"复选框的选区对比

（a）　　　　　　　　　　　　　　　　（b）

▶ 图 2-54　有无选择"对所有图层取样"复选框的选区对比

2. "快速选择"工具

"快速选择"工具是一种基于色彩，使用画笔智能查找图像边缘的快速选取工具。选择该工具后，出现如图 2-55 所示的选项栏，进行相关设置后，按下鼠标左键在图像中拖动即可将鼠标经过的区域创建为选区。

▶ 图 2-55　"快速选择"工具选项栏

- 创建方式："快速选择"工具有三种选区创建模式，即新选区、添加到选区和从选区减去。默认方式是新选区，当开始选取后自动转换为添加到选区方式。在绘制选区过程中，也可以按住【Shift】键的同时拖动鼠标增加选区，按住【Alt】键的同时拖动鼠标减少选区。
- 自动增强：选择该项后，能减少选区边缘的粗糙度和块效应。
- 调整边缘：当创建选区后，该按钮被激活，单击该按钮，将打开"调整边缘"对话框，可对选区进行细致的调整。

2.7 选区的基本操作

选区创建后，还可以利用菜单命令或快捷键对选区进行大小、位置、形状及边缘特性的调整。对选区进行操作的命令主要集中在"选择"菜单中，如图2-56所示。

图2-56 "选择"菜单

（1）取消选择：取消对当前选区的选择，快捷键为【Ctrl+D】。

（2）反向：选中当前选区以外的所有像素，快捷键为【Shift+Ctrl+I】。

（3）修改：选择"选择→修改"命令，将打开"修改"子菜单，可对选区进行扩展、收缩、羽化等修改。

- 边界：创建有一定羽化效果的边框选区。
- 平滑：减少选区边缘的锯齿，使选区更光滑。
- 扩展/收缩：扩大或缩小选区。
- 羽化：柔化选区的边缘，使之产生一个渐变过渡。

（4）变换选区：选择该命令后，选区周围会出现一个包含8个控制点的控制框，如图2-57所示，通过控制框可对选区进行缩放、旋转及变形操作。

图2-57 变换选区

（5）存储选区：将当前选区存储在"通道"中。

（6）载入选区：将存储在"通道"中的选区载入使用。

2.8 文字工具组

文字工具组的主要功能是向图像中添加文字和创建文字选区，包括横排文字工具、直排文字工具、横排文字蒙版工具和直排文字蒙版工具，如图 2-58 所示。

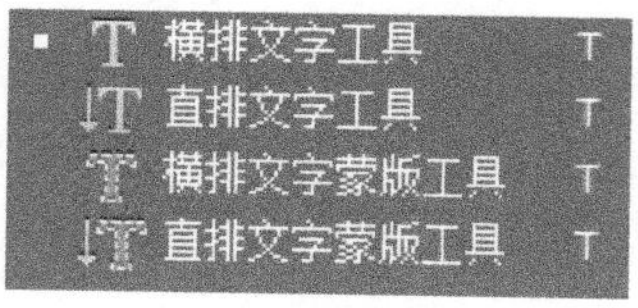

> 图 2-58　文字工具组

1. 输入文字

在 Photoshop 中，可以为图像输入横排文字和竖排文字，下面就以输入横排文字为例说明输入文字的方法。在工具箱中选择"横排文字"工具，出现"横排文字"工具选项栏，如图 2-59 所示，设置好文字的字体、大小、颜色等，将鼠标移向要添加文字的位置，单击左键，即出现一个插入点，并自动添加一个文字图层，这时就可以输入文字了，输入完毕，单击选项栏中的"提交所有当前编辑"按钮 ✓ 或按【Ctrl+Enter】组合键完成文字输入。

> 图 2-59　"横排文字"工具选项栏

若要输入的横排文字较多，也可以在选择"横排文字"工具后先按下鼠标左键拖动出一个矩形文本框，然后再在文本框中输入文字内容，如图 2-60 所示，文字靠近右边框时会自动换行，也可在输入过程中按【Enter】键强制换行。

输入直排文字的方法和横排文字相同，只是文字的排列方向是从上往下，如图 2-61 所示。

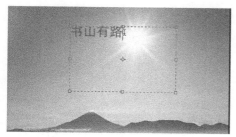

> 图 2-60　在文本框中输入文字

> 图 2-61　输入直排文字

2. 编辑文字

对于输入完毕的文字，还可以进行编辑，首先使文字所在的图层成为当前图层，然后选择文字工具，单击要编辑的文字，进入文字编辑状态，如图 2-62 所示，移动光标至要修改的位置，进行文字内容的修改。

若要重新定义文字格式，可先选中文字，如图 2-63 所示，然后通过选项栏定义字体、字的大小、颜色等，单击选项栏中的"创建文字变形"按钮 ，可打开"变形文字"对话框，如图 2-64 所示，选择变形样式。如要进行更多定义，可单击选项栏中的"切换字符和段落面板"按钮 ，打开如图 2-65 所示的"字符/段落"面板，对文字和段落格式进行定义。

图 2-62　编辑文字内容

图 2-63　编辑文字格式

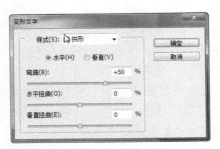
图 2-64　"变形文字"对话框

图 2-65　"字符/段落"面板

3. 创建文字选区

选择"横排文字蒙版"工具或"竖排文字蒙版"工具，可在画布中创建文字选区，如图 2-66 所示。对于文字选区，可以填充渐变色，使文字产生颜色渐变的效果，如图 2-67 所示，也可以制作其他特殊效果。

图 2-66　文字选区

图 2-67　填充渐变色的文字

2.9　橡皮擦工具组

橡皮擦工具组包括"橡皮擦"工具、"背景橡皮擦"工具和"魔术橡皮擦"工具，在工具箱中打开后如图 2-68 所示，其功能主要是擦除图像中不需要的像素。

1."橡皮擦"工具

选择"橡皮擦"工具，出现"橡皮擦"工具选项栏，如图 2-69 所示，进行相关设置后，按下鼠标左键在图像上拖动，可擦除当前图层或选区中不需要的像素。

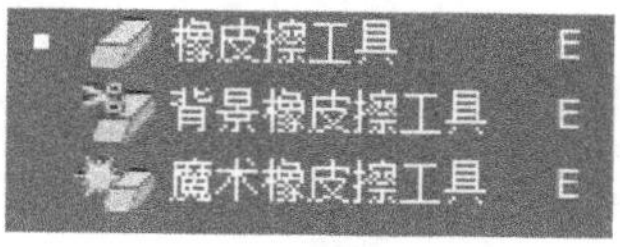

> 图 2-68　橡皮擦工具组

> 图 2-69　"橡皮擦"工具选项栏

- 在普通图层上擦除，擦除位置显示为透明效果。
- 在背景图层上擦除，擦除位置显示为背景色。
- 如图层中有选区，只能擦除选区内的图像，若无选区，可擦除当前图层任何位置的图像。
- 模式：有三个选项，即"画笔"、"铅笔"和"块"。当选择"画笔"和"铅笔"时，"橡皮擦"工具就会像"画笔"工具和"铅笔"工具一样工作；当选择"块"时，"橡皮擦工具"变为具有硬边缘和固定大小的方形，并且选项栏中的"不透明度"和"流量"选项不能设置。
- 不透明度：取值范围为1%～100%。当设定值为100%时，橡皮擦完全抹除像素，擦除效果最好，设定值小于100%时，部分抹除像素，擦除位置呈半透明状态，值越小，抹除像素就越少，擦除效果就越不明显。
- 流量：取值范围为1%～100%。流量值越大，一次擦除的就越干净。
- 抹到历史记录：该选项只有当设定了"历史记录画笔的源"才能被激活，选中该复选项后，在擦除图像时，可将擦除位置恢复到"历史记录画笔的源"的图像状态。

2. "背景橡皮擦"工具

"背景橡皮擦"工具能实现图像的智能擦除。选择该工具后，会出现如图2-70所示的选项栏。"背景橡皮擦"工具可完全抹除像素，擦除位置变为透明状态。若在背景图层擦除像素，背景图层将自动转化为普通图层。

> 图 2-70　"背景橡皮擦"工具选项栏

（1）取样模式
- 连续取样：这是"背景橡皮擦"工具的默认模式。在该模式下，当按下鼠标左键拖动时，取样点会不断改变，鼠标中心点接触到的颜色都被抹除。
- 一次取样：若选择该模式，按下鼠标左键拖动时，只取样一次，只抹除鼠标中心点第一次接触的颜色，其他颜色保留。
- 背景色板取样：在该模式下，"背景橡皮擦"工具只能抹除与背景色容差范围内的颜色。

（2）限制
- 连续：选择该项，只抹除鼠标经过的在取样颜色容差范围内且与取样点连续的区域。
- 不连续：选择该限制选项，抹除鼠标经过的所有在取样颜色容差范围内的区域。

● 查找边缘：选择该选项，抹除取样点容差范围内颜色，保留形状边缘的锐化程度。
（3）保护前景色
若选中此项，与前景色相同的区域不被擦除。

3. "魔术橡皮擦"工具

"魔术橡皮擦"工具的使用方法与"魔棒"工具类似，但功能不同，"魔棒"工具是用来选取图片中颜色近似的色块，而"魔术橡皮擦"工具则是擦除取样点颜色容差范围内的色块。选择"魔术橡皮擦"工具后，在图像的某一位置单击鼠标左键对颜色取样，取样颜色容差范围内的区域均被删除。

2.10 画笔工具组

画笔工具组包括"画笔"工具、"铅笔"工具、"颜色替换"工具和"混合器画笔"工具，如图2-71所示。

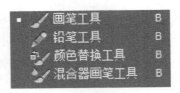

▶ 图2-71 画笔工具组

1. "画笔"工具

"画笔"工具的功能是使用前景色绘画。选择"画笔"工具后，出现如图2-72所示的选项栏，进行设置后，在画布上单击或拖动鼠标，即可绘制出相应的图案或线条。若要绘制直线，需要先按下【Shift】键，然后拖动鼠标。

▶ 图2-72 "画笔"工具选项栏

（1）"画笔预设"选取器：单击选项栏中的 按钮，可打开"画笔预设"选取器，如图2-73所示。

① 大小：可通过拖动"大小"下方的滑块或直接输入数据改变画笔笔尖的大小，数值越大，绘制出来的线条就越粗。

② 硬度：取值范围为0%～100%，数值越小，绘制的线条的边缘就越柔软。

③ 预设画笔列表：可以从中选择预设的画笔。单击"画笔预设"选取器右上角的 按钮，可打开如图2-74所示的菜单。

● 选择视图方式：默认的画笔视图方式为小缩览图，单击某一视图方式，比如大缩览图，预设画笔的图标就会变为大缩览图。

● 选择画笔类型：在"画笔预设"菜单中单击某一画笔类型，比如混合画笔，就会弹出一个确认替换画笔的警示对话框，单击"确定"按钮，预设的画笔就会变为混合画笔。

- 复位画笔：将预设画笔替换为系统默认的画笔。
- 载入画笔：除了 Photoshop 自带的画笔外，还可以从网上下载一些扩展名为 .abr 的画笔文件，使用该命令可以将这些画笔文件载入到 Photoshop 中使用，载入的画笔就会出现在预设画笔列表最下方。

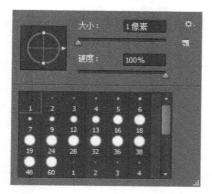 图 2-73　"画笔预设"选取器

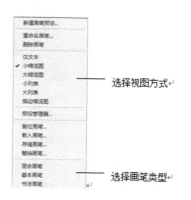 图 2-74　"画笔预设"菜单

（2）切换画笔面板：单击选项栏中的"切换画笔面板"按钮，或选择"窗口→画笔"命令，打开如图 2-75 所示的"画笔"面板，可对画笔做进一步的设置。

 图 2-75　"画笔"面板

（3）模式：设置绘制的线条或图案与原有图像的混合模式。

（4）不透明度：取值范围为 1%～100%，数值越大，绘制的线条或图案就越不透明，当设置值为 100% 时，绘制的线条或图案完全不透明。

（5）流量：取值范围为 1%～100%，数值越大，绘制的线条或图案的颜色就越浓。

（6）启用喷枪样式的建立效果：选择选项栏中按钮，鼠标停留的时间越长，绘制的区域就越大，颜色越深。

2. 铅笔工具

"铅笔"工具的使用方法与"画笔"工具基本相同，不同的是使用"铅笔"工具绘制

出的线条的边缘比较僵硬，并且有很多锯齿，而使用画笔绘制的线条非常平滑，如图 2-76 所示。

（a）　　　　　　　　　　　（b）

▶ 图 2-76　使用"铅笔"工具（a）与"画笔"工具（b）绘制的图案比较

选择工具箱中的"铅笔"工具后，会出现如图 2-77 所示的选项栏。

▶ 图 2-77　"铅笔"工具选项栏

- 自动抹除：若选择该项，当落笔处的颜色与前景色一致时，则抹除前景色，用背景色绘制线条或图案；若落笔处的颜色与前景色不同，则使用前景色绘画。

3．"颜色替换"工具

"颜色替换"工具的作用是用前景色替换图像中指定的像素。该工具只能在"RGB 颜色"、"CMYK 颜色"或"Lab 颜色"模式的图像中使用。选择"颜色替换"工具，出现如图 2-78 所示的选项栏，根据需要进行设置后，按下鼠标左键在图像中拖动，就会用前景色替换鼠标拖动经过区域的颜色。

▶ 图 2-78　"颜色替换"工具选项栏

（1）模式
- 色相：只替换色相，保留原图像的饱和度和明度。
- 饱和度：只替换饱和度，保留原图像的色相和明度。
- 颜色：替换图像的色相和饱和度。
- 明度：只替换图像的明度，图像的色相和饱和度不变。

（2）限制
- 不连续：替换出现在指针下任何位置的样本颜色。
- 连续：替换与指针下连续的颜色相近的区域。
- 查找边缘：替换包含样本颜色的相连区域，同时更好地保留形状边缘的锐化程度。

4．"混合器画笔"工具

"混合器画笔"工具的功能是将选择的颜色与画布中的颜色相混合，产生涂抹的效果。选择"混合器画笔"工具，出现如图 2-79 所示的选项栏，选择要混合的颜色，在画布中按下鼠标左键涂抹，即产生颜色混合的效果。

模块二 常用工具

> 图 2-79 "混合器画笔工具"选项栏

- 当前画笔载入：可重新载入或者清除画笔，及设置与画布进行混合的颜色。
- 每次描边后载入画笔：若选择 ，则每次涂抹完成松开鼠标后，系统会自动载入画笔。
- 每次描边后清理画笔：若选择 ，则每次涂抹完成松开鼠标后，系统会自动清理之前的画笔。
- 有用的混合画笔组合：用来设置不同的混合画笔，可从其下拉列表中选择一种预设的混合效果，也可利用其后的"潮湿"、"载入"、"混合"等选项自定义混合效果。

案例 4　图片生成网页——图像切片

案例描述

将图 2-80 所示的班级主页的效果图生成首页文件 index.html，能在网页制作软件中打开并进一步编辑。

> 图 2-80　班级主页

案例解析

- 使用"裁剪"工具将效果图中多余的部分去除。
- 使用"切片"工具将图像分为若干部分。
- 使用"文件→存储为 Web 所有格式"命令将切片后的图像保存为网页格式。

（1）选择"文件→打开"命令，弹出"打开"对话框，选择 index.jpg 文件，单击"打开"按钮。

（2）选择工具箱中的"裁剪"工具 ，图像周围出现一个裁剪框，如图 2-81 所示。依次拖动边线将裁剪框拖至绿线以内，如图 2-82 所示，按回车键，将图像多余部分删除。

（3）选择工具箱中的"切片"工具 ，开始对图像进行切片。切片的原则是先按行切片，将图片切成几大部分，再将每一行切成几个独立的块。如图 2-83 所示，将网页效果图由上至下切为 7 个部分，要保证每一部分相对完整。若做出的切片不够精准，可选择工具箱中的"切片选择"工具 ，选择切片，然后将鼠标移至切片的边线上，当鼠标指针变为双向箭头时按下鼠标左键调整切片的大小。

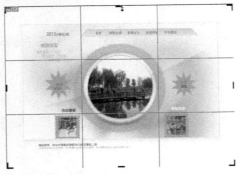
图 2-81　裁剪图像

图 2-82　设置裁剪线

图 2-83　按行切片

（4）将第一行做如图 2-84 所示的切片。要将班级名称完整切出，导航栏中的每一项都要做超链接，因而也要将"首页"、"班级介绍"等各项单独切出。

图 2-84　第一行的切片

（5）使用同样的方法将第二至六行进行细化，切片效果如图 2-85 所示。

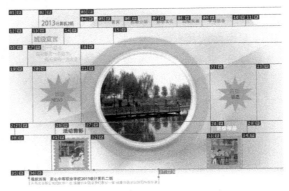
图 2-85　所有切片

（6）选择"文件→存储为 Web 所用格式"命令，打开"存储为 Web 所用格式"对话框，如图 2-86 所示。

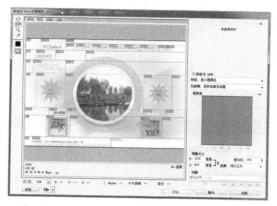

> 图 2-86　"存储为 Web 所用格式"对话框

（7）选择"优化"标签，对切片进行优化。选择"切片选择"工具 ，框选所有切片，单击"预设"右边的小箭头，在打开的列表中选择"JPEG 低"，对所有图片进行优化，这时在图像切片图的下方可以看到所有切片的总大小，然后依次选择需要清晰显示的切片，单击"预设"右边的小箭头，在打开的列表中选择"JPEG 高"。

（8）优化完毕，单击"存储"按钮，打开"将优化结果存储为"对话框，选择文件保存的位置，输入网页文件名，格式选择"HTML 和图像"，如图 2-87 所示，单击"保存"按钮，弹出如图 2-88 所示的警告对话框，单击"确定"按钮即可。

> 图 2-87　"将优化结果存储为"对话框

> 图 2-88　警告对话框

2.11　裁剪工具组

裁剪工具组包括"裁剪"工具、"透视裁剪"工具、"切片"工具和"切片选择"工具，如图 2-89 所示，其主要作用是实现图像的裁剪和切片。

1．"裁剪"工具

"裁剪"工具的主要作用是删除图像中不需要的部分。选择该工具后，图像四周会出现一个包含 8 个控点的裁剪框，通过拖动边框或控点可以设置裁剪范围，同时图像上出现三等分网格线（默认设置），按键盘上的【Enter】键或在裁剪框内双击鼠标左键，可以实现对图像的裁剪。"裁剪"工具的选项栏如图 2-90 所示。

> 图 2-89　裁剪工具组

> 图 2-90　"裁剪"工具选项栏

（1）选择预设长宽比或裁剪尺寸

主要选项有：
- 宽×高×分辨率：预定义裁剪后图像的大小和分辨率。
- 比例：自定义裁剪区域的宽、高比。
- 原始比例：使裁剪区域按图像的原有比例变化。
- 4×5 英寸　300dpi：按固定大小设置裁剪区域，适合于 4 英寸照片的裁剪。

（2）"清除"按钮

单击该按钮，可清除已经设置的裁剪比例或尺寸，裁剪区域可按任意比例调整大小。

（3）"拉直"工具

允许用户为照片定义水平线，将倾斜的照片变为水平，如图 2-91 所示，由于拍摄角度的原因，左图中的房子倾斜了，通过拉直操作可以将房子扶正，效果如右图所示。

> 图 2-91　使用"拉直"工具将房子扶正

（4）设置裁剪工具的叠加选项

单击　按钮，可以设置裁剪框的视图形式，包括三等份、网格、对角、三角形、黄金比例和金色螺线，默认形式为三等份。

（5）其他裁剪选项

用来设置裁剪的显示区域、裁剪屏蔽的颜色以及不透明度等。

（6）删除裁剪像素

选择该项后，裁剪操作会将多余的部分删除；若不选择该项，裁剪操作只是将多余的部分隐藏，使用"裁剪"工具单击图像仍可显示裁剪前的状态，可以重新进行裁剪，从而实现无损裁剪。

2. "透视裁剪"工具

"裁剪"工具只能以矩形或正方形的形状对图像进行裁剪，而"透视裁剪"工具允许使用任意四边形形状裁剪图像。选择工具箱中的"透视裁剪"工具，在图像中分别点击四个点，即可定义一个任意形状的四边形的裁剪框，按 Enter 键，裁剪框以外的部分被裁剪掉，并且原来的任意形状的四边形区域变为矩形区域。如图 2-92 所示，由于拍摄的原因，图 2-92（a）中的楼房发生了变形，使用"透视裁剪"工具裁剪后，图像变为矩形，楼的外观得到修复，如图 2-92（b）所示。

（a）　　　　　　　　　　　　（b）

> 图 2-92　使用"透视裁剪"工具裁剪变形楼房

3. "切片"工具

"切片"工具的作用是分割图像，把一个图像划分成若干个小图片（切片）。制作网页时，往往先使用 Photoshop 设计出网页的效果图，如果将整张效果图上传到网站，用户访问时速度会很慢，一般做法是使用"切片"工具对效果图进行切片，然后输出为网页格式，各个切片以表格的形式定位和保存，这样将会大大提高网页的下载速度，生成的网页也可在网页制作软件中打开并做进一步的编辑。"切片"工具的选项栏如图 2-93 所示。

> 图 2-93　"切片"工具选项栏

- 样式：有正常、固定长宽比、固定大小三个选项，默认设置为正常，用于创建任意大小、任意比例的切片，若要创建固定比例和固定大小的切片，可分别选择固定长宽比和固定大小选项。
- 基于参考线的切片：若图像中设置好了参考线，单击该按钮，系统就会根据参考线的位置自动创建切片。

（1）创建切片

选择工具箱中的"切片"工具 ，按下鼠标左键在图像中拖动，即可创建一个切片，这是创建切片最常用的方法。用这种方法创建的切片有两种类型：用户切片和自动切片。用户切片是由用户拖动鼠标创建的，图标呈高亮蓝色显示，如图 2-94 所示，其中的 01、02 号切片为用户切片。用户切片以外的区域被系统创建为自动切片，图标呈灰色显示，如图 2-94 所示，其中的 03 号切片即为自动切片。自动切片区域还可以由用户继续创建切片。

若要将图片平均分割成几部分或创建等量大小的切片，可以在选择"切片"工具后，右键单击图像，在弹出的快捷菜单中选择"划分切片"命令，打开"划分切片"对话框，如图 2-95 所示，可根据实际需要勾选"水平划分为"和"垂直划分为"复选框，设置图片在纵向和横向方向上切片的个数或切片的大小，单击"确定"按钮，就会自动生成切片，这样创建的切片均为用户切片。

图 2-94 用户切片和自动切片

图 2-95 "划分切片"对话框

（2）编辑切片选项

在要编辑的切片内单击鼠标右键，在弹出的快捷菜单中选择"编辑切片选项"命令，即可打开"切片选项"对话框，如图 2-96 所示。

图 2-96 "切片选项"对话框

- 切片类型：选项有"图像"、"无图像"、"表格"，用来设置切片输出后是否包含图像。
- 名称：为切片定义一个名称。
- URL：指定生成网页后，该切片链接到的目标对象。
- 目标：指定切片链接到的目标对象的打开方式。
- 信息文本：在浏览器中，当鼠标指向该切片时状态栏中显示的信息。
- Alt 标记：指定该切片的替换文本。
- 尺寸：其中 X（X）、Y（Y）用来定义切片的水平位置和垂直位置，W（W）、H（H）用来定义切片的宽度和高度。
- 切片背景类型：用来定义生成网页后该切片所在单元格的背景颜色。

（3）改变切片大小和位置

选择工具箱中的"切片选择"工具 ，单击某一切片，可将该切片选中。在切片处于选中状态下，将鼠标移到切片的边线上，当鼠标指针变为双向箭头时，按下鼠标左键拖动，可以改变切片的大小。将鼠标移到切片上，按下鼠标左键拖动，可改变切片的位置。

（4）删除切片

选中某切片后按键盘上的【Delete】键，或右键单击某一切片，在弹出的快捷菜单中选择"删除切片"命令，均能删除该切片。

（5）保存切片

将图像切片完毕，选择"文件→存储为 Web 所用格式"命令，打开"存储为 Web 所用格式"对话框，如前面图 2-77 所示，可对切片做进一步的优化。为了尽量减小切片文件的大小，加快网页的下载速度，对于一些色彩较单一的网页图标，一般采用 GIF 格式，对于色彩较复杂、图像质量要求较高的切片最好选择 JPEG 格式。优化完毕，单击"存储"按钮，打开"将优化结果存储为"对话框，如前面图 2-78 所示，设置好保存位置和文件名后，保存格式选择"HTML 和图像"，单击"保存"按钮，弹出一个警告对话框，如前面图 2-79 所示，单击"确定"按钮，就会生成一个 HTML 文档，同时将所有的切片保存在与网页文档同一文件夹下的 images 文件夹中。

案例 5　照片修饰——修复工具组

案例描述

对图 2-97 所示的风景照片 pic.jpg 进行修饰，修饰后的效果如图 2-98 所示。

▶ 图 2-97　风景照片 pic.jpg

▶ 图 2-98　修饰后的风景照片

案例解析

- 使用"污点修复画笔"工具消除树叶和塑料袋。
- 使用"修补工具"消除竖立的木杆。
- 使用"修复画笔"工具消除黑包。

（1）选择"文件→打开"命令，弹出"打开"对话框，选择 pic.jpg 文件，单击"打开"按钮。

（2）按【Ctrl+J】组合键，把背景图层复制一份，并使复制得到的图层为当前图层。

（3）选择工具箱中的"污点修复画笔"工具，设置画笔大小略大于图中的塑料袋，在选项栏中将"类型"设置为"内容识别"，移动鼠标指向图中的塑料袋，使鼠标刚好完全盖住塑料袋，如图 2-99 所示，单击鼠标左键，即可清除塑料袋，效果如图 2-100 所示。使用同样的方法，清除图中的树叶和地面上的小石块。

▶ 图 2-99　用"污点修复画笔"工具清除塑料袋　　　　▶ 图 2-100　塑料袋清除后的效果

（4）选择工具箱中的"修补"工具 ，在其选项栏中选择"源"单选按钮，按下鼠标左键，沿图中竖立木杆的外边缘画出一个选区，如图 2-101 所示。将鼠标指向选区内部，按下鼠标左键向右拖动选区，如图 2-102 所示，原来图中的木杆被右边选区中的树叶代替，释放鼠标左键，木杆被清除，按【Ctrl+D】组合键取消选区。

▶ 图 2-101　沿木杆创建选区　　　　▶ 图 2-102　向右拖动选区

（5）选择工具箱中的"修复画笔"工具 ，设置画笔大小稍大于图中的黑包，在选项栏中将"源"设置为"取样"，移动鼠标至黑包的右边，按住【Alt】键的同时单击取样点，移动鼠标到黑包位置，如图 2-103 所示，调整鼠标位置至合适，单击鼠标左键，黑包即被清除，效果如图 2-104 所示。

▶ 图 2-103　用"修复画笔"工具修复黑包　　　　▶ 图 2-104　清除黑包后的效果

（6）选择"图层→合并图层"命令，合并所有图层，得到修复后的效果如图 2-89 所示。
（7）选择"文件→存储"命令，保存文件。

2.12 修复工具组

修复工具组包括"污点修复画笔"工具、"修复画笔"工具、"修补工具"、"内容感知移动"工具和"红眼"工具,如图2-105所示,其主要功能是对图像进行修复。

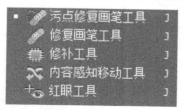

图2-105　修复工具组

1. "污点修复画笔"工具

选择工具箱中的"污点修复画笔"工具,出现如图2-106所示的工具选项栏,可以采用鼠标左键单击或涂抹的方式修复图像中的瑕疵。

图2-106　"污点修复画笔"工具选项

（1）模式

用来设置修复图像时的混合模式,若选择"替换"选项,则在使用柔边画笔时,可以保留画笔描边边缘外的杂色、胶片颗粒和纹理效果。

（2）类型

有三个选项,用以设置填充对象的类型。

- 近似匹配:利用选区边缘周围的像素来取样,对选区内的图像进行修复。
- 创建纹理:利用选区内的像素创建一个用于修复该区域的纹理。
- 内容识别:该选项具有智能修复功能,就是根据周围的像素,智能计算出污点处的颜色等信息。

（3）对所有图层取样

若选择该项,从所有可见图层中取样;若不选择该项,则从当前图层中取样。

2. "修复画笔"工具

"修复画笔"工具允许使用初始取样点确定的图像或预定义的图案来对图像进行修复。选择"修复画笔"工具后,首先按住【Alt】键在图像中取样,然后移动鼠标至要修复的位置,通过单击或拖动鼠标进行修复;若使用图案修复,就要先设置好要使用的图案,然后再进行修复。无论是取样修复还是图案修复,都会在修复的同时将样本像素或填充图案的纹理、光照、透明度和阴影与源像素进行匹配,从而使修复后的像素不留痕迹地融入图像的其余部分。"修复画笔"工具的选项栏如图2-107所示。

- 源:若选择"取样",则用初始取样点确定的图像来修复缺陷区域;若选择"图案",则用预定义的图案来修复图像。

> 图 2-107 "修复画笔"工具选项栏

- 对齐：若选择该项，会对像素连续取样，而不会丢失当前的取样点，即使松开鼠标按键时也是如此；若不选择该项，则会在每次停止并重新开始修复时使用初始取样点中的样本像素。如图 2-108 所示，选择"对齐"复选框后，按住【Alt】键在左边的蝴蝶上取样，第一次修复，取样点是从最初的取样点开始，第二次修复时，取样点就变了（图中"+"所在的位置）。若不选择"对齐"复选框，如图 2-109 所示，每次修复，取样点都是最初的取样点。
- 样本：用于定义取样点的图层，有当前图层、当前和下方图层、所有图层三个选项。

> 图 2-108 选择"对齐"的取样

> 图 2-109 未选择"对齐"的取样

3. "修补"工具

"修补"工具是通过创建选区的方式来修复图像的。和"修复画笔"工具一样，修复后将样本像素的纹理、光照和阴影与源像素进行匹配，实现很好的融合。选择"修补"工具后，其选项栏如图 2-110 所示。

> 图 2-110 "修补工具"选项栏

- 修补：有"正常"和"内容识别"两个选项，一般使用"正常"方式。
- 源：若选中该项，则创建的选区为要修复的区域，拖动选区到另一位置，用该位置的图像修复最先创建的选区。
- 目标：若选中该项，用创建的选区修复其他位置的图像。
- 透明：用来控制修复后的图像是边缘融合还是整幅图像纹理融合，如图 2-111 所示，未选择"透明"复选框，图像修复后只是边缘融合；若选择了"透明"复选框，修复后的整个图像都进行融合，如图 2-112 所示。
- 使用图案：当创建选区后该按钮被激活，单击该按钮，用设置的图案对选区进行修复。

4. "内容感知移动"工具

"内容感知移动"工具的功能有两个，一个是用来移动图像中选定的部分，Photoshop 会智能修复移动后的空隙位置；另一个功能是复制图像中选定的部分。无论是移动到新位置的图像还是复制出的图像边缘都会自动柔化，与周围环境融合。具体操作方法是选择工具箱中的"内容感知移动"工具，出现其选项栏，如图 2-113 所示，进行设置后，按下鼠标左键沿要移动或复制的部分绘制选区，然后拖动选区到一个新位置，就可以实现选区的移动或复制。

▶ 图 2-111　未选择"透明"复选框的修复　　　▶ 图 2-112　选择"透明"复选框的修复

▶ 图 2-113　"内容感知移动"工具选项栏

- 模式：有"移动"和"扩展"两个选项，默认为"移动"，若选择"扩展"，则可以实现图像的复制，修复效果如图 2-114 所示。
- 适应：用来设置移动或复制的图像与周围图像的融合效果，有"非常严格"、"严格"、"中"、"松散"和"非常松散"五个选项，融合边缘依次增大，融合效果也越明显。

（a）绘制选区　　　　　　（b）移动效果　　　　　　（c）复制效果

▶ 图 2-114　用"内容感知移动"工具移动和复制图像效果

5."红眼"工具

在使用数码相机拍摄时，闪光灯的强光可能会导致拍出来的人物出现眼睛发红的情况。选择"红眼"工具后，出现如图 2-115 所示的选项栏，设置瞳孔大小和变暗量，在眼睛上单击，就可以快速去除照片中的红眼现象，如图 2-116 所示。

▶ 图 2-115　"红眼工具"选项栏

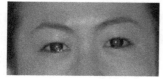 

（a）原图　　　　　　　　　　　（b）消除红眼后的效果

▶ 图 2-116　用"红眼"工具消除红眼

- 瞳孔大小：增大或减小瞳孔受"红眼"工具作用的区域。
- 变暗量：设置瞳孔校正的暗度。

2.13 图章工具组

图章工具组包含"仿制图章"工具和"图案图章"工具，如图2-117所示，分别用来复制取样图像和预先定义好的图案。

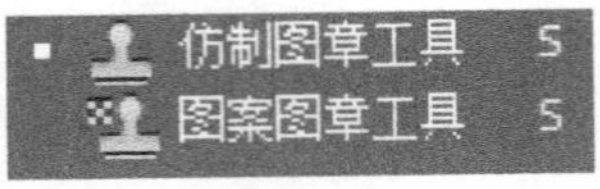

图2-117 图章工具组

1. "仿制图章"工具

"仿制图章"工具用来复制取样的图像，其使用方法类似于"修复画笔"工具，选择"仿制图章"工具后，首先要按住【Alt】键取样，然后在图像中拖动鼠标，实现图像的复制。与"修复画笔"工具不同的是，复制后的图像不会与周围像素融合。

如图2-118所示，使用"仿制图章"工具清除图中的黑包，清除后的效果如图2-119所示。

 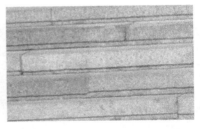

图2-118 使用"仿制图章"工具清除黑包　　图2-119 清除黑包后的效果

2. "图案图章"工具

"图案图章"工具用来复制预先定义好的图案。选择"图案图章工具"后，其选项栏如图2-120所示，单击图案右边的"点按可打开图案拾色器"按钮，在此下拉列表中选择需要的图案，移动鼠标至画布中，拖动鼠标即可绘制出图案。

图2-120 "图案图章"工具选项栏

- 模式：设置绘制出的图案与原图像的混合模式。
- 对齐：若选择该项，多次绘制的图案将保持连续平铺特性，如图2-121所示，尽管分开三次绘制，但分离的图案只保持着连续平铺的特性，将中间部分补上，就会看到图案之间是保持四周衔接的，如图2-122所示。如果不选择该项，分次绘制出来的图案之间没有连续性。
- 印象派效果：选择该项，绘制的图案会变得杂乱无章。

▶ 图 2-121　三次绘制的鸽子

▶ 图 2-122　连起来的效果

案例6　人物照片美化——磨皮和美白

案例描述

对图 2-123 所示的人物照片进行磨皮，磨皮后的效果如图 2-124 所示。

▶ 图 2-123　人物照片

▶ 图 2-124　磨皮后的效果

案例解析

- 使用"污点修复画笔"工具清除脸上的青春痘和斑点。
- 使用"高斯模糊"滤镜和"历史记录画笔"工具进行磨皮。
- 使用"USM 锐化"滤镜对面部进行锐化，使面部线条清晰。
- 使用"模糊"工具对面部仍不太平滑的部位变得平滑。
- 使用"减淡工具"在面板较暗的区域拖动鼠标，使之稍明亮些。

（1）选择"文件→打开"命令，弹出"打开"对话框，选择 xiaoli.jpg 文件，单击"打开"按钮。

（2）按【Ctrl+J】组合键，把背景图层复制一份，并重命名为"祛痘"，使该图层成为当前图层。

（3）选择工具箱中的"污点修复画笔"工具，调整画笔大小，在选项栏中将"类型"设置为"内容识别"，移动鼠标至图像中，依次去除人物脸上的青春痘和斑点，如图 2-125 所示，祛痘后的效果如图 2-126 所示。

（4）按【Ctrl+J】组合键，把"祛痘"图层复制一份，并重命名为"磨皮"，使该图层成为当前图层。

▶ 图2-125　祛痘　　　　　　　　　▶ 图2-126　祛痘后的效果

（5）选择"滤镜→模糊→高斯模糊"命令，打开"高斯模糊"对话框，设置半径为10，单击"确定"按钮，对图像进行模糊处理。

（6）查看"历史记录"面板是否打开，若没有打开，则选择"窗口→历史记录"命令，打开"历史记录"面板，在"高斯模糊"前面的小方框中单击，将该项设置为"历史记录画笔的源"，然后单击前一项，返回到"高斯模糊"之前的操作，如图2-127所示。

（7）选择"历史记录画笔"工具，在面部进行涂抹，注意嘴唇和眉毛不要涂抹，鼻子、眼睛的边缘要用较小的画笔涂抹，保留面部的线条，涂抹后的效果如图2-128所示。

（8）使"祛痘"图层成为当前图层，按【Ctrl+J】组合键，把"祛痘"图层复制一份，并重命名为"锐化"，将该图层移至"磨皮"图层的上方。

▶ 图2-127　"历史记录"面板　　　　　▶ 图2-128　涂抹后的效果

（9）使"锐化"图层成为当前图层，选择"滤镜→锐化→USM锐化"命令，打开"USM锐化"对话框，设置半径为9.5，数量为70%，单击"确定"按钮，对图像进行锐化处理。在"图层"面板中将"锐化"图层的混合模式设置为"滤色"，不透明度设置为50%，如图2-129所示。

（10）选择工具箱中的"模糊"工具，在人物面部仍不太平滑的位置涂抹，使之变得更平滑。

（11）选择工具箱中的"减淡"工具，在图像中较暗的部位涂抹，使之变亮，最后得到磨皮后的效果如图2-124所示。

（12）选择"文件→存储为"命令，保存文件。

▶ 图2-129　"图层"面板

2.14 历史记录画笔工具组

历史记录画笔工具组有"历史记录画笔"工具和"历史记录艺术画笔"工具两个工具，如图 2-130 所示。

> 图 2-130　历史记录画笔工具组

1. "历史记录画笔"工具

"历史记录画笔"工具与"历史记录"面板结合使用，可以将图像恢复到"历史记录"面板中某一操作的状态。选择"历史记录画笔"工具，出现其选项栏，如图 2-131 所示。

> 图 2-131　"历史记录画笔"工具选项栏

如将图 2-132 所示的荷花的颜色由粉红色变为淡蓝色，效果如图 2-133 所示。

> 图 2-132　荷花原图　　　　　　　　> 图 2-133　荷花变蓝的效果图

（1）打开荷花原图 hehua.jpg。

（2）选择"图像→调整→色相/饱和度"命令，打开"色相/饱和度"对话框，调整色相如图 2-134 所示，单击"确定"按钮，图像色彩变化效果如图 2-135 所示。

> 图 2-134　"色相/饱和度"对话框　　　　> 图 2-135　色彩变化效果

（3）打开"历史记录"面板，单击"打开"前面的方框，将其设置为"历史记录画笔的源"，如图 2-136 所示。

（4）选择"历史记录画笔"工具，调整画笔直径至合适大小，将画笔硬度设置为 50%，移动鼠标至图像中,按下鼠标左键在荷花以外的地方涂抹,最终得到如图2-133所示的效果。

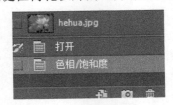

图2-136 "历史记录"面板

2. "历史记录艺术画笔"工具

"历史记录艺术画笔"工具的功能是使用指定历史记录状态或快照中的源数据,以风格化描边进行绘画,其使用方法与"历史记录画笔"工具基本相同,也是先要在"历史记录"面板中设置好历史记录画笔的源,然后移动鼠标到图像中,拖动鼠标进行绘画,只是在用"历史记录艺术画笔"工具将图像恢复到某一历史操作状态的同时,会附加特殊的艺术处理效果,其选项栏如图2-137所示。

图2-137 "历史记录艺术画笔"工具选项栏

- 样式:有绷紧短、绷紧长等10个选项,用来控制绘画描边的形状。
- 区域:指定绘画描边所覆盖的区域。设置的数值越大,覆盖的区域越大,描边的数量也越多。
- 容差:输入值或拖移滑块,限定可以应用绘画描边的区域。低容差可用于在图像中的任何地方绘制无数条描边,高容差将绘画描边限定在与源状态或快照中的颜色明显不同的区域。

如将图2-138所示的郁金香制作油画效果,效果如图2-139所示。

图2-138 郁金香原图

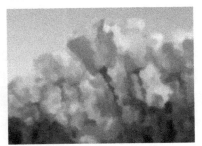

图2-139 油画效果

(1)打开如图2-138所示的郁金香原图Tulips.jpg。
(2)新建一个图层,并为该图层填充灰色。
(3)打开"历史记录"面板,单击"打开"前面的方框,将其设置为"历史记录画笔的源",如图2-140所示。
(4)选择"历史记录画笔"工具,调整画笔直径为28像素,样式设置为"绷紧短",区域为500像素,容差为0%,移动鼠标至图像中,按下鼠标左键在图像上涂抹,如图2-141所示,最终得到如图2-139所示的油画效果。

▶ 图 2-140　"历史记录"面板

▶ 图 2-141　涂抹图像

2.15　模糊工具组

模糊工具组包含"模糊"工具、"锐化"工具和"涂抹"工具，如图 2-142 所示。

1．"模糊"工具

"模糊"工具的功能是柔化图像，主要通过柔化图像中较突出的色彩和僵硬的边界，从而使图像的色彩过渡平滑，产生模糊效果。选择工具箱中的"模糊"工具后，会出现如图 2-143 所示的选项栏，进行相关设置后，在图像中涂抹，就会出现模糊效果，反复涂抹的次数越多，模糊效果就越明显。

▶ 图 2-142　模糊工具组

▶ 图 2-143　"模糊"工具选项栏

处理数码照片时，往往通过使背景变模糊的方法来突出主体。如图 2-144 所示，对照片中人物以外的部分做模糊处理，使人物更加突出，效果如图 2-145 所示。

▶ 图 2-144　对背景模糊处理

▶ 图 2-145　模糊后的效果

2．"锐化"工具

"锐化"工具的作用是提高像素的对比度，使图像看上去更清晰，其使用方法与"模糊"工具类似，不同的是锐化工具是用来增强涂抹区域图像边缘的对比度，从而产生清晰的效果。在图像某一区域涂抹的次数越多，锐化效果就越明显。如图 2-146 所示，对图像中的花朵进行锐化，锐化后花朵的线条更加清晰，如图 2-147 所示。

▶ 图 2-146 对花朵进行锐化

▶ 图 2-147 锐化后的效果

3. 涂抹工具

"涂抹"工具类似用笔刷在颜料没有干的油画上涂抹,会产生刷子划过的痕迹。涂抹的起始点颜色会随着涂抹工具的滑动而延伸。

选择工具箱中"涂抹"工具后,其选项栏,如图 2-148 所示。

▶ 图 2-148 "涂抹工具"选项栏

- 强度:用来定义涂抹的强度,数值越大,涂抹的效果越明显。
- 手指绘画:选中该选项后,使用前景色在图像上涂抹,就像蘸上颜色在未干的油墨上绘画一样。按住【Alt】键的同时在图像上涂抹,可以实现用手指涂抹的效果。

2.16 加深减淡工具组

加深减淡工具组包含"减淡"工具、"加深"工具和"海绵"工具,如图 2-149 所示。

1. "减淡"工具

"减淡"工具的作用是使颜色减淡,增加图像的亮度,通常用于对局部图像的增亮。在工具箱中选择"减淡"工具,其选项栏,如图 2-150 所示,进行相关设置后,在图像中拖动鼠标,鼠标经过的区域会加亮。

▶ 图 2-149 加深减淡工具组

▶ 图 2-150 "减淡"工具选项栏

- 范围:有"阴影"、"中间调"、"高光"三个选项。选择"阴影"时,加亮的范围主要是图像较暗的部分,其他部分变化不明显;选择"高光"时,加亮的范围主要是图像较亮的部分;选择"中间调"时,加亮的范围主要是图像中介于较暗和较亮之间的区域。

- 曝光度：用于控制减淡的速度和流量。数值越大，减淡的速度就越快，一般来说，曝光度不宜设置太大。
- 保护色调：选择该项，可以尽可能小的影响对阴影和高光的修剪，还可以防止颜色发生色偏，如要对图 2-151 中的菊花进行减淡，若不选择"保护色调"复选框，多次涂抹后，黄色的菊花会出现发白的现象，如图 2-152 所示，若选择了"保护色调"复选框，虽然多次涂抹，颜色仍然保持黄色，如图 2-153 所示。

图 2-151　菊花原图

图 2-152　未选择"保护色调"的减淡

图 2-153　选择"保护色调"的减淡

2．"加深"工具

"加深"工具的作用是使图像变暗，颜色加深，通常用来修复曝光过渡的图片，或使图像的局部变暗，其使用方法与"减淡"工具完全相同。

3．"海绵"工具

"海绵"工具的作用是改变图像局部的色彩饱和度。选择工具箱中的"海绵"工具，其选项栏，如图 2-154 所示。

图 2-154　"海绵"工具选项栏

- 模式：有"加色"和"去色"两个选项。若选择"加色"，则"海绵"工具将增加图像的色彩饱和度，使图像变得更加鲜艳；若选择"去色"，则"海绵"工具将减少图像的色彩饱和度。
- 自然饱和度：选中该选项后，降低饱和度时对饱和度高的部位降低得明显，对饱和度低的部位则影响较小；增加饱和度时对饱和度高的部位影响较小，对饱和度低的部位增加得明显。

案例7　汽车宣传页——路径的使用

案例描述

制作如图2-155所示的汽车宣传页。

图2-155　汽车宣传页

案例解析

- 使用"矩形"工具绘制灰色和黑色的矩形条。
- 使用"钢笔"工具沿汽车的边缘绘制路径并转换为选区。
- 使用"圆角矩形"工具为图片绘制路径并转换为选区，反向选择后删除图片多余的部分。
- 使用"文字"工具输入宣传文字。

（1）选择"文件→新建"命令，弹出"新建"对话框，具体参数的设置如图2-156所示，单击"新建"按钮，建立一个新文件。

（2）新建一个图层，选择工具箱中的"矩形"工具，将前景色设置为#9a9a9a，在画布的上方绘制一个宽800像素，高50像素的灰色矩形条，用作文字的背景。使用同样的方法，在灰色矩形条的下方绘制一个同样大小的黑色矩形条，如图2-157所示。

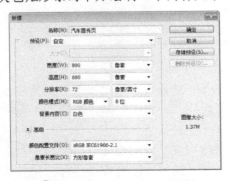

图2-156　"新建"对话框　　　　　图2-157　绘制矩形条

（3）选择"文件→打开"命令，弹出"打开"对话框，选择fengjing.jpg文件，单击"打开"按钮。

（4）选择工具箱中的"矩形选框"工具，选择 fengjing.jpg 整幅图片，选择"编辑→复制"命令。使"汽车宣传页.jpg"文件成为当前文件，选择"编辑→粘贴"命令。

（5）按【Ctrl+T】组合键，调整风景画大小为宽为 800 像素、高为 300 像素，图像效果如图 2-158 所示。

（6）新建一个图层，选择工具箱中的"矩形"工具，将前景色设置为#9a9a9a，在风景画的下方绘制一个宽 800 为像素、高为 120 像素的灰色矩形条。使用同样的方法，在灰色矩形条的下方绘制一个宽为 800 像素，高为 80 像素的黑色矩形条，如图 2-159 所示。

图 2-158 调整风景画后的效果

图 2-159 调整风景画后的效果

（7）选择"文件→打开"命令，弹出"打开"对话框，选择 h6.jpg 文件，单击"打开"按钮，打开汽车图片。

（8）选择工具箱中的"钢笔"工具，沿汽车的边缘绘制路径。在绘制过程中，若创建的锚点不理想，可按【Delete】键删除，再重新绘制，当绘制路径回到出发点，鼠标样式变为一个圆圈时，单击鼠标左键，形成一个闭合的路径，如图 2-160 所示。

（9）选择"窗口→路径"命令，打开"路径"面板。按住【Ctrl】键的同时，单击"工作路径"，将路径转换为选区。按【Shift+Ctrl+I】组合键反选图像，将选择的汽车复制到"汽车宣传页.jpg"文件中，调整其大小及位置，效果如图 2-161 所示。

图 2-160 沿汽车边缘绘制路径

图 2-161 复制并调整汽车后的效果

（10）打开文件"后灯.jpg"，将后灯图片复制到文件"汽车宣传页.jpg"中，移动后灯图片到下方的灰色矩形条的中间。选择工具箱中的"圆角矩形"工具，在工具选项栏中设置"工具模式"为"路径"，"半径"为 10 像素，在后灯图片上绘制圆角矩形路径，如图 2-162 所示。

（11）使用同样的方法打开"前灯.jpg"、"方向盘.jpg"、"电动窗.jpg"、"挡把.jpg"文件，并将相应的图片复制到"汽车宣传页.jpg"文件中，形成圆角矩形图片，效果如图 2-163 所示。

▶ 图2-162 绘制圆角矩形路径和圆角矩形图片

▶ 图2-163 添加圆角矩形图片后的效果

（12）选择工具箱中的"横排文字"工具，设置前景色为黑色，文字字体为华文行楷，大小为30点，在图像最上方的灰色矩形条上输入文字"城市越野"。设置字体为宋体，大小为24点，在图像上方的黑色条上输入"时尚大气"，在设置字体为华文行楷，大小为18点，在黑色条的右边输入文字"悉心护航，泰然淡定，处变不惊"，设置大小为14点，在图像下方的黑色矩形条上输入"CAN-bus智能网络控制系统；国际领先智能节油动力-三菱2.0L汽油动力，绿静2.0T柴油动力； 前大灯高度可调；多功能方向盘；智能语音GPS导航系统；CCS定速巡航系统；自动无骨雨刷"，效果如图2-155所示。

（13）选择"文件→存储为"命令，保存文件。

2.17 形状工具组

形状工具组包括"矩形"工具、"圆角矩形"工具、"椭圆"工具、"多边形"工具、"直线"工具、"自定形状"工具，主要功能是绘制各种形状、路径和颜色填充图像，如图2-164所示。

▶ 图2-164 形状工具组

形状工具组中各个工具的使用方法基本相同，下面就以"矩形"工具为例说明形状工具的使用方法。

1. 创建矩形形状

选择工具箱中的"矩形"工具，在选项栏中设置绘制模式为"形状"，出现如图 2-165 所示的选项栏。进行相关设置后，在画布上按下鼠标左键拖动，将自动产生一个新图层，绘制出的矩形形状为矢量图形，被放置在形状层蒙版中。若要绘制正方形的形状，拖动鼠标的同时需要按住【Shift】键；若要创建以单击点为中心的矩形形状，需要按住【Alt】键的同时进行绘制。

图 2-165　绘制形状选项栏

除了上述绘制方法以外，还可以在选择"矩形"工具后，直接在画布上单击鼠标左键，这时打开"创建矩形"对话框，如图 2-166 所示，输入宽度和高度，就可以创建一个指定大小的矩形形状。

图 2-166　"创建矩形"对话框

Photoshop CC 的新增功能：绘制形状完毕后，会打开如图 2-167 所示的"实时形状属性"对话框，可以非常方便地调整绘制的矩形形状的位置和大小，还可以方便地对每个角分别进行设置，转换为直角或圆角，创建如图 2-168 所示的圆角矩形。

图 2-167　"实时形状属性"对话框

图 2-168　圆角矩形

2. 创建矩形路径

选择"矩形"工具后，在选项栏中选择模式"路径"，出现如图 2-169 所示的选项栏。在画布上按下鼠标左键拖动，将绘制出一个矩形路径。

图 2-169　绘制路径选项栏

● 选区：绘制路径后，单击"选区"按钮，打开"新建选区"对话框，进行设置后单击"确定"按钮，路径转换为选区。
- 蒙版：新建一个矢量蒙版。
- 形状：将路径转换为形状。

3. 创建填充图形

选择"矩形"工具后，若在选项栏中选择模式"像素"，出现如图 2-170 所示的选项栏。在画布上按下鼠标左键拖动，将绘制出一个用前景色填充的矩形。

> 图 2-170　绘制填充图形选项栏

2.18 钢笔工具组

钢笔工具组包括"钢笔"工具、"自由钢笔"工具、"添加锚点"工具、"删除锚点"工具、"转换点"工具，如图 2-171 所示。钢笔工具组的主要功能是创建和编辑路径。

> 图 2-171　钢笔工具组

1. "钢笔"工具

"钢笔"工具的主要功能是绘制路径。选择工具箱中的"钢笔"工具，出现如图 2-172 所示的选项栏。

> 图 2-172　"钢笔"工具选项栏

使用钢笔工具除了绘制路径外，还可以绘制形状和填充图形，使用方法基本相同，下面以绘制路径为例说明它的使用方法。

（1）基本用法

使用"钢笔"工具在画布中第一次单击，会产生一个锚点，再次单击，会产生一条线段，该线段称为片段，如图 2-173 所示。若单击后按住鼠标拖动，会建立一个带两个控制杆的锚点，两个锚点之间的连线变为平滑曲线，随着鼠标拖动，曲线的弯曲程度也会发生变化，如图 2-174 所示；若直接单击，则产生带有拐角的路径。当绘制的路径回到起点时，鼠标形状变为一个小圆圈，单击鼠标左键，则创建一个闭合的路径；若创建的路径没有回到起点，则创建一个不闭合的路径。

（2）编辑锚点

在绘制路径的过程中可以对路径进行以下编辑。

图 2-173　片段　　　　　　　　图 2-174　曲线

- 按住【Ctrl】键单击某一个锚点，会出现控制杆，通过拖动控制杆可以改变曲线的弯曲程度。
- 按住【Ctrl】键的同时，拖动某一直线或曲线，也可以对路径进行修改。
- 按住【Alt】键单击某一个锚点，会删除控制杆。
- 按住【Alt】键拖动某一个锚点，会产生新的控制杆。
- 按【Delete】键删除最近创建的锚点。

2. "自由钢笔"工具

使用"自由钢笔"工具，可以通过自由拖动鼠标创建路径，系统会根据鼠标的轨迹自动生成锚点，其选项栏如图 2-175 所示。

图 2-175　"自由钢笔"工具选项栏

若勾选了"磁性的"复选项，自由钢笔工具将转换为磁性钢笔工具，鼠标沿着图像的边缘移动时，会自动产生锚点和路径。

3. "添加锚点"工具和"删除锚点"工具

选择工具箱中"添加锚点"工具，在路径上单击就可以添加锚点。选择工具箱中的"删除锚点"工具，单击路径中某一锚点，就可将该锚点删除。

4. "转换点"工具

"转换点"工具的功能主要是编辑锚点，常用的操作有：
- 单击某一带有控制杆的锚点，将删除控制杆，使平滑的曲线变为角点。
- 拖动某一角点，为角点添加控制杆。
- 拖动控制杆，可解除两个控制杆之间的联动关系。
- 拖动片段，可以改变片段的形状。

2.19　路径选择工具组和"路径"面板

Photoshop 中用于路径选择的工具有两个："路径选择"工具和"直接选择"工具，如图 2-176 所示。

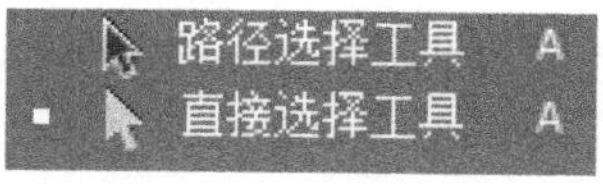

图 2-176　路径选择工具组

1. "路径选择"工具

"路径选择"工具用来选择整条路径,并可对其进行移动、复制、组合、排列、分布、等操作。其使用方法类似于"移动"工具,不同的是"移动"工具是对选区或图层进行操作,而"路径选择"工具是对路径进行操作。

2. "直接选择"工具

"直接选择"工具可以选择一个或多个锚点,可以方便地对锚点、片段或整个路径进行操作,其主要操作有:

- 选择锚点:选择"直接选择"工具后,用鼠标单击某一锚点,可选择该锚点;按下鼠标左键拖动,鼠标经过区域的锚点都被选择,若鼠标经过区域覆盖整个路径,则可以选中该路径的所有锚点。在路径外任意处单击,可以取消对锚点的选取。
- 编辑路径:用鼠标拖动锚点或片段,可以改变路径的形状。
- 移动路径:选择所有锚点后,可以通过鼠标拖动改变路径的位置。
- 复制路径:按住【Alt】键的同时拖动路径,可以实现路径的复制。

3. "路径"面板

选择"窗口→路径"命令,可打开如图 2-177 所示的"路径"面板。

- 用前景色填充路径 ：单击该按钮,可对当前路径区域填充前景色;若按住【Alt】键的同时单击该按钮,将打开"填充路径"对话框,如图 2-178 所示,可对路径区域填充前景色、背景色、图案等。

图 2-177 "路径"面板

图 2-178 "填充路径"对话框

- 用画笔描边路径 ：可使用画笔或铅笔等工具对路径进行描边。
- 将路径作为选区载入 ：单击该按钮,可以将当前路径转化为选区。若按住【Alt】键的同时单击该按钮,将打开"建立选区"对话框,可对选区做更详细的设置。
- 从选区生成工作路径 ：将选区转化为路径。
- 创建新路径 ：单击该按钮,可以创建一个新路径。

2.20 常用编辑命令

1. 选择性粘贴

使用"选择性粘贴"中的"原位粘贴"、"贴入"和"外部粘贴"命令,可以实现不同形式的粘贴。

- 原位粘贴:将复制的图像原位置粘贴。
- 贴入:将复制的图像粘贴到当前图像中,产生一个新的图层并创建图层蒙版,遮盖选区以外的图像。
- 外部粘贴:将复制的图像粘贴到当前图像中,产生一个新的图层并创建图层蒙版,遮盖选区以内的图像。

2. 填充

选择"编辑→填充"命令,将打开如图 2-179 所示的"填充"对话框,可以对选区或图层进行填充。单击"使用"右边的小箭头,可打开一个下拉列表,如图 2-180 所示,可从中选择填充的内容。

图 2-179 "填充"对话框

图 2-180 选择填充内容

"内容识别"是一种智能填充方式。所谓"内容识别",就是当对图像的某一区域进行覆盖填充时,系统利用选区边缘的颜色或图案进行智能构图,然后合成相似的图像内容对选区进行填充,并与周围图像进行融合,填充后的效果自然、逼真。如图 2-181 所示,要去除图片中的鸽子,先选择鸽子,选区略大于鸽子,然后选择"编辑→填充"命令,在打开的"填充"对话框中,设置填充内容为"内容识别",单击"确定"按钮,填充效果如图 2-182 所示。

图 2-181 选取鸽子

图 2-182 填充后的效果

若只对图层或选区填充颜色,除了使用"编辑→填充"命令外,也可以使用快捷键进行填充。按【Alt+Delete】组合键可以填充前景色，按【Ctrl+Delete】组合键可填充背景色。

3. 操控变形

选择"编辑→操控变形"命令，会在选区或当前图层中添加网格，通过单击鼠标左键，在网格的中添加"图钉"，用来固定图像，拖动需要变形的"图钉"，从而实现图像的变形。若要删除图钉，可在按住【Alt】键的同时单击要删除的图钉即可。

如图 2-183 所示，要使马的右后腿到前面来，可以通过操控变形操作，在马的右后腿上添加"图钉"，如图 2-184 所示，然后拖动"图钉"变形，得到的变形效果如图 2-185 所示。

▶ 图 2-183　原图　　　　　▶ 图 2-184　操控变形　　　　　▶ 图 2-185　变形效果

思考与实训 2

一、填空题

1．要创建一个正方形或正圆形选区，在拖动鼠标的同时应按下的键是_____。
2．选区的运算方式有_____、_____、_____、_____四种。
3．渐变的填充方式有_____、_____、_____、_____、_____五种。
4．为选区或图层填充前景色的快捷键是_____，为选区或图层填充背景色的快捷键是_____。
5．取消选区的快捷键是_____，要选择当前选区以外的所有像素，应使用的快捷键是_____。
6．使用背景橡皮擦工具擦除背景层上的像素，擦除后的位置变为_____。
7．要将当前做了切片的图像保存为网页，应选择的命令是_____。
8．污点修复画笔的修复类型包括_____、_____和_____。
9．使用仿制图章工具取样时应按的键是_____。
10．要选择路径中的某一个锚点，应选择的工具是_____。

二、上机操作题

1．利用规则选框工具绘制如图 2-186 所示的脸谱。

▶ 图 2-186 脸谱

2．去除图 2-187 中的网址，效果如图 2-188 所示。

▶ 图 2-187 原图　　　　　　　　　　▶ 图 2-188 去除网址后的效果图

3．为图 2-189 所示的美女头像进行磨皮和美白。

4．制作如图 2-190 所示的倒影文字（提示：先将倒影部分的文字栅格化，然后填充渐变色）。

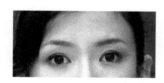

▶ 图 2-189 美女头像　　　　　　　　▶ 图 2-190 倒影文字

5．利用图 2-191 所示的书桌和图 2-192 所示的花瓶制作在书桌上添加花瓶的效果，如图 2-193 所示。

▶ 图 2-191 书桌　　　　　▶ 图 2-192 花瓶　　　　　▶ 图 2-193 添加花瓶效果

模块三 图层、通道和蒙版

案例8 把环保"袋"回家——图层的应用

案例描述

利用图层面板的功能，完成如图3-1所示效果的制作。

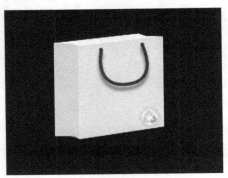

> 图3-1 环保手提袋最终效果

案例解析

- 利用钢笔、画笔和填充等工具绘制环保手提袋。
- 利用图层面板进行图层的合并与顺序调整。
- 图层混合模式与不透明度的调整。

（1）选择"文件→新建"菜单命令，在弹出的"新建"对话框中，设置参数，如图3-2所示。

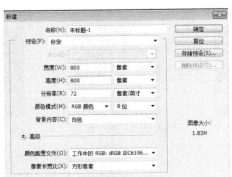

> 图3-2 新建文件

（2）单击"图层"面板下方的"创建新图层"按钮，新建图层1，设置前景色为510309，单击"编辑→填充"菜单命令，用前景色填充图层1。

（3）单击"视图→显示→网格"菜单命令，显示网格，单击钢笔工具绘制手提袋的一个面。按【Ctrl+Enter】组合键将路径转为选区，单击图层面板下方的"创建新图层"按钮，得到图层2，设置前景色为cff0da，并用前景色填充选区，如图3-3所示。单击"视图→显示→网格"菜单命令关闭网格。

将图层2拖动到"创建新图层"按钮上，得到图层2复制，激活图层2，单击移动工具将手提袋往左上方移动，按住【Ctrl】键，单击图层2的图标得到图层2的选区，填充白色，如图3-4所示。

▶ 图3-3 绘制手提袋正面

▶ 图3-4 复制图层得到手提袋背面

（4）单击"创建新图层"按钮，新建图层3，使用钢笔工具绘制手提袋的左侧面，按【Ctrl+Enter】组合键转换为选区，设置前景色为cddad1，按【Alt+Delete】组合键用前景色填充选区，如图3-5所示。使用同样方法绘制手提袋的整个左侧面。单击"创建新图层"按钮新建图层4，用绘制左侧面的方法绘制右侧面，并将其填充为白色，如图3-6所示。

▶ 图3-5 绘制一个侧面

▶ 图3-6 侧面完成效果

（5）选择画笔工具，设置画笔大小为15像素，前景色为"452926"。激活图层2复制，用画笔工具在上边缘单击添加两个点作为手提袋穿绳的小孔。使用钢笔工具绘制提绳的形状，选择画笔工具，设置画笔大小为12像素，单击"创建新图层"按钮，新建图层5，激活路径面板，单击"用画笔描边路径"按钮，描边路径制作提绳，如图3-7所示。

（6）在"路径"面板的空白位置单击隐藏路径，回到图层面板，激活图层5，单击"添加图层样式"按钮，为图层添加投影效果，使提绳看起来更自然，如图3-8所示。

▶ 图3-7　绘制提绳

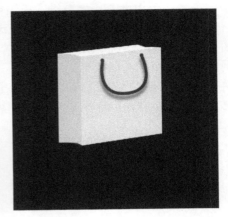
▶ 图3-8　添加投影效果

（7）单击图层2复制前面的眼睛图标，隐藏图层2复制，激活图层2，设置画笔大小为15像素，在图层2手提袋上边缘与图层2复制相对应的位置单击两个点作为提绳穿孔。再次单击图层2复制前的小眼睛，显示图层2复制。

（8）打开素材文件夹中的"环保小图标.jpg"文件，使用移动工具将其拖动到刚才的文件中，产生图层6。单击"魔棒"工具将环保图标的白色背景选中，按【Delete】键删除，如图3-9所示。

（9）执行"编辑→自由变换"菜单命令，将环保图标轻轻旋转与手提袋正面平行，并调整大小，最后将其放置在手提袋的右下角。单击"图层"面板左上角的图层混合模式，设置图层6的混合模式为"正片叠底"，单击"图层"面板右上角的不透明度下拉列表，调整不透明度为63%，如图3-10所示。执行"文件→保存"菜单命令，保存文件。

▶ 图3-9　添加环保小图标

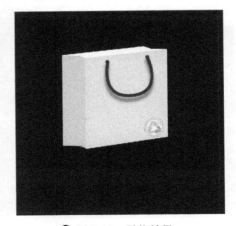
▶ 图3-10　最终效果

案例的"图层"面板，如图3-11所示。

模块三　图层、通道和蒙版

图 3-11　案例的图层面板

3.1　图层的基本操作

Photoshop 中每个图层相当于一张透明的胶片,通过图层的叠加形成最终的图像。图层是 Photoshop 的核心技术之一,利用图层可以进行图像文件的编辑与合成。

1. 新建图层

- 单击图层面板下方的"创建新图层"按钮,系统将快速创建一个新的图层。
- 执行"图层→新建→图层"菜单命令,弹出如图 3-12 所示的"新建图层"对话框,可对图层进行名称、颜色、模式及不透明度的设置。
- 按下【Ctrl+Shift+N】组合键也会弹出如 3-12 所示的对话框,按下【Ctrl+Shift+Alt+N】组合键则可直接在当前图层上方新建一个图层。

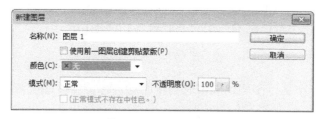

图 3-12　新建图层

2. 复制图层

- 选中要复制的图层,执行"图层→复制图层"菜单命令,在弹出的对话框中可以设置图层的名称和目标位置。
- 拖动要复制的图层到"图层"面板下方的"创建新图层"按钮上,同样能够实现复制图层的目的,得到该图层的拷贝。
- 选中要复制的图层,按【Ctrl+J】组合键也可以得到该图层的拷贝。

3. 删除图层

- 选中要删除的图层，单击"图层"面板下方的"删除图层"按钮，或拖动图层到"删除图层"按钮上，可删除该图层。
- 选中要删除的图层，执行"图层→删除→图层"菜单命令，可以删除图层。

4. 更改图层顺序

选中要调整顺序的图层，拖动到目标位置，当显示的突出线条出现在图层的位置时松开鼠标，可实现图层顺序的调整。

5. 显示/隐藏图层内容

单击图层左侧的"指示图层可见性"按钮，即眼睛按钮，可实现图层内容的显示与隐藏，当眼睛按钮为灰色时，图层内容被隐藏，否则为显示。

6. 链接图层

按下【Ctrl】或【Shift】键，单击图层可选择多个连续或不连续的图层，单击图层面板下方的"链接图层"按钮，在每一个被选中的图层的右侧都会出现一个 图标，那么这些图层将被链接在一起可以同时移动，但还可以单独编辑。

要取消图层链接，可选中要取消链接的图层，再次单击"链接图层"按钮即可。

7. 合并图层

- 执行"图层→向下合并"菜单命令，快捷键为【Ctrl+E】，将当前图层与下一图层进行合并，如果选中多个图层，执行该命令则可以合并多个已选中的图层。
- 执行"图层→合并可见图层"菜单命令，快捷键为【Ctrl+Shift+E】，将所有可见图层进行合并，隐藏的图层则不被合并。
- 执行"图层→拼合图像"菜单命令，将所有图层合并，如果当前图像中含有隐藏图层，则会弹出一个对话框询问用户是否删除隐藏图层。

8. 创建图层组

Photoshop 中当一个文件图层比较多时，将图层进行分组管理能提高工作效率，创建分组的方法有如下几种：

- 执行"图层→新建→组"菜单命令，在弹出对话框中可设置组名、颜色、模式与不透明度。
- 单击"图层"面板下方的"创建新组"按钮，也可以创建一个新的组。

> 提示
> 图层的基本操作还可以单击图层面板右上角的三角形按钮，在弹出的快捷菜单中找到相应的命令来完成操作。

3.2 图层混合模式

Photoshop CC 共提供了包括"正常"在内的 27 个图层混合模式,每个混合模式都有着各自的混合运算方法,相同的两个图像设置不同图层的混合模式,得到的效果也不尽相同。下面介绍几个常用的图层混合模式。

- 正常:在"正常"模式下,各图层的图像不发生任何的混合,但仍可以通过设置"不透明度"及"填充"数值,使当前图层与下面图层发生一定的混合效果。
- 正片叠底:在此模式下,当前图层与下一图层的像素值中较暗的像素进行合成,且在加暗图像时图像暗部区域过渡平缓。此模式下,任何颜色与黑色混合产生黑色,与白色混合则保持不变。
- 滤色(屏幕):与"正片叠底"的效果相反,"滤色"在整体效果上显示由当前图层与下方图层的像素值中较亮的像素合成的图像效果。此模式下,用黑色过滤时保持不变,用白色过滤时将产生白色。
- 叠加:最终效果取决于下方图层,但当前图层的明暗对比效果也将直接影响到整体效果,叠加后下方图层的明暗对比仍被保留。

案例 9　霓虹闪烁——图层样式的应用

案例描述

利用图层样式制作如图 3-13 所示的霓虹灯效果。

▶ 图 3-13　霓虹灯效果

案例解析

- 利用自定义形状绘制心形图案。
- 为心形图案添加图层样式得到霓虹灯效果。
- 图层样式的编辑与修改。

(1) 新建 500×500 像素的文件,并将背景图层填充为黑色,单击"图层"面板下方的"创建新图层"按钮,得到图层 1。

（2）选择"自定义形状"工具，设置工具选项为"路径"，并在形状列表中选择"红心形卡"绘制心形路径。设置画笔大小为 25 像素，前景色为黑色，单击"路径"面板下方的"用画笔描边路径"按钮为心形路径进行描边，单击背景层前面的眼睛图标隐藏背景层，得到心形描边效果，如图 3-14 所示。

▶ 图 3-14 心形路径描边

（3）激活"路径"面板，单击空白区域隐藏路径，激活"图层"面板，单击背景层前的眼睛图标显示背景层。

（4）单击"图层"面板下方的"添加图层样式"按钮，依次为图层 1 添加投影、外发光、内发光和斜面与浮雕四个图层样式，各图层样式的参数如图 3-15～图 3-18 所示。

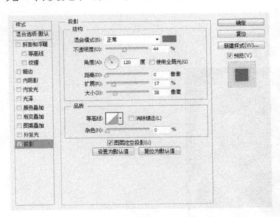

▶ 图 3-15 投影

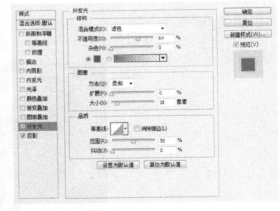

▶ 图 3-16 外发光

（5）单击斜面与浮雕对话框中的"光泽等高线"下拉列表，可对霓虹灯管上的高光位置进行设置，本例中所用的光泽等高线如图 3-19 所示。至此霓虹灯管效果制作完毕，效果如图 3-20 所示。

（6）按【Ctrl+J】组合键复制图层 1 得到图层 1 拷贝，按【Ctrl+T】组合键调整心形霓虹灯管的大小与位置，双击图层 1 复制的图标，打开图层样式对话框，修改投影、内发光与外发光对话框中的投影颜色与发光颜色为蓝色系，得到蓝色的心形霓虹灯管，如图 3-21 所示。

（7）选择"橡皮擦工具"，设置画笔大小为 25 像素，在图层 1 复制中，将蓝色心形与红色心形重叠部分擦除，得到两颗心嵌套在一起的效果，即案例的最终效果，如图 3-13 所示。执行"文件→保存"菜单命令保存文件。

模块三 图层、通道和蒙版

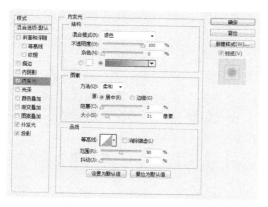

▶ 图 3-17 内发光

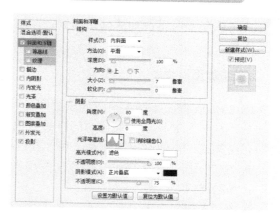

▶ 图 3-18 斜面与浮雕

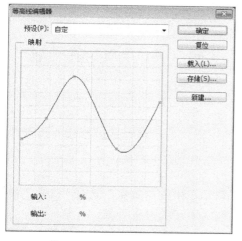

▶ 图 3-19 光泽等高线

▶ 图 3-20 霓虹灯管

▶ 图 3-21 蓝色心灯管效果

3.3 图层样式

图层样式是 Photoshop 比较出色的功能之一,在使用过程中只需要设置几个参数就能得到不错的效果。在"图层样式"对话框中包含了 3 大类共 10 个图层样式。图层所添加的图层样式与该图层内容自动链接，当编辑图层内容或复制图层时，图层样式呈现的效果也相应地改变。

1. 添加图层样式

Photoshop 提供了许多现成的图层样式并保存在"样式"面板中，添加图层样式时可以直接从"样式"面板中添加已有的样式，也可以根据实际情况自己设计图层样式。为图层添加图层样式，可通过下列任意一种方式进行操作。

- 在"图层"面板中选择要添加图层样式的图层，然后在"样式"面板中单击想要添加的样式。
- 在"样式"面板中选择要添加的图层样式，将其拖动到"图层"面板中要添加图层样式的图层上。
- 在"样式"面板中选择要添加的样式，将其拖动到图像编辑窗口中需要添加图层样式的图像上。
- 单击"图层"面板下方的"添加图层样式"按钮，从弹出的快捷菜单中选择要添加的图层样式，设置合适的参数即可。

2. 图层样式详解

在"图层样式"对话框中，可以选择需要的图层样式，也可以通过参数的设置控制图层的显示效果，下面介绍几种常用的图层样式。

（1）投影

为图层内容添加阴影效果。选中"图层样式"对话框中的"投影"选项，打开"投影"的参数设置对话框，如图 3-22 所示，将得到如图 3-23 所示的投影效果。

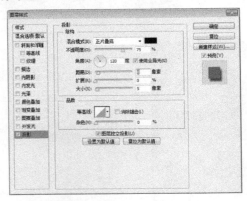

图 3-22 "投影"对话框

图 3-23 "投影"效果

- "混合模式"：阴影部分与其他图层的混合模式，单击右侧的"拾色器"可以更改投影的颜色。
- "不透明度"：设置阴影部分的不透明程度。
- "角度"：改变全局光/局部光造成的投影的光线的方向，若勾选"使用全局光"则将阴影部分采用全局光进行投射。
- "距离"：设置阴影偏离图像的距离，数值越大，偏离越远。
- "扩展"：设置阴影的强度，100%为实边阴影，默认值为 0%。

- "大小"：设置阴影区域的大小。
- "等高线"：创造给定区域内的特殊的轮廓外观，线型越复杂，效果越特殊。
- "消除锯齿"复选框：柔化等高线的锯齿，从而表现不同的平滑程度。
- "杂色"：使阴影部分产生斑点效果，数值越大，斑点越明显。
- "图层挖空投影"：在默认情况下是被选中的，此时的投影实际上是不完整的，它相当于在投影图像中剪去了投影对象的形状，所看到的只是对象周围的阴影。

（2）内阴影

为图层的内部添加阴影效果，参数类型与"投影"基本一样，其中"阻塞"选项与"投影"中的"扩展"选项相似，用来设置"内阴影"的强度。图 3-24 所示的是其他参数采用默认值，将"等高线"进行调整后得到的图层样式效果，"等高线"的设置如图 3-25 所示。

▶ 图 3-24 "内阴影"效果

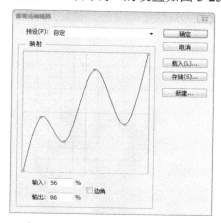

▶ 图 3-25 "内阴影"等高线设置

（3）外发光

为图层图像外边缘添加光环效果，也可以将图层对象从背景中分离出来。可为图像设置纯色外发光效果和渐变色的外发光效果，图像的外发光效果如图 3-26 所示。

（4）内发光

在图像的内边缘添加发光效果，发光位置有"居中"和"边缘"两种，不同的发光位置带来的发光效果也不同，发光位置为边缘时的发光效果如图 3-27 所示。

▶ 图 3-26 "外发光"效果

▶ 图 3-27 "内发光"效果

(5) 斜面和浮雕

通过在图像的边缘添加高光和暗调带，使得在图层的边缘产生立体斜面和浮雕效果。"斜面和浮雕"的对话框如前面图 3-18 所示，"斜面和浮雕"效果如图 3-28 所示，主要参数如下：

- "样式"：设置"斜面和浮雕"效果的样式，有"外斜面"、"内斜面"、"浮雕"、"枕状浮雕"和"描边浮雕"5 种类型。
- "方法"：设置"斜面和浮雕"效果的边缘风格。
- "深度"：设置"斜面和浮雕"效果的凸起/凹陷的程度。
- "光泽等高线"：创建类似金属表面的光泽外观，它不但影响图层效果，连图层内容本身也会被影响。
- "高光模式"选项和不透明度选项：设置高光部分的混合模式、颜色和不透明度。
- "阴影模式"选项和不透明度选项：设置阴影部分的混合模式、颜色和不透明度。

(6) 光泽

用来在图层内容上根据图层的形状应用阴影形成各种光泽。默认值为白色雪花图像添加的"光泽"样式的效果如图 3-29 所示。

图 3-28　"斜面和浮雕"效果

图 3-29　"光泽"效果

(7) 叠加类样式

包括"颜色叠加"、"图案叠加"和"渐变叠加"三个样式，分别将颜色、图案和渐变色添加到图像上。混合模式为"溶解"的"颜色叠加"效果如图 3-30 所示，"渐变叠加"和"图案叠加"的效果如图 3-31 和图 3-32 所示。

图 3-30　"颜色叠加"效果

图 3-31　"渐变叠加"效果

图 3-32　"图案叠加"效果

(8) 描边

使用"描边"为图层中的图像添加边缘轮廓，可以用颜色、渐变和图案三种方式为当前图层添加描边轮廓效果。

3. 图层样式的管理

图层样式的管理与图层的基本操作相同，包括创建图层样式、隐藏/显示图层样式、删除图层样式及复制图层样式操作。在创建图层样式、隐藏/显示图层样式和删除图层样式时，需要注意区分操作的对象是某种样式，还是图层的整体效果。图层样式的创建方法如下。

（1）要创建图层中的样式效果，首先选中该图层（注意隐藏不必要的样式效果），单击"样式"面板下方的"创建新样式"按钮或单击"样式"面板的空白处，会弹出"新建样式"对话框。如图3-33所示，输入名称，单击"确定"按钮。

图3-33 "新建样式"对话框

（2）在"图层"面板中双击"效果"行，在弹出的"图层样式"对话框中单击"新建样式"按钮，同样会弹出"新建样式"对话框。

 案例10　抠取凌乱头发——通道抠图

案例描述

利用通道抠取凌乱的头发，为人物更换背景，效果如图3-34所示。

（a）　　　　　　　　　（b）

图3-34 抠取凌乱头发后的效果

案例解析

● 利用通道与色阶调整制作人物选区。
● 利用选择工具和清除命令修正图像。

（1）打开素材文件"案例12.1.jpg"，激活"通道"面板，选择蓝色通道。

（2）执行"图像→计算"菜单命令，弹出如图3-35所示的对话框。在对话框中两个参与计算的通道都是背景层的蓝色通道，计算的混合方式是"正片叠底"，计算的结果保存在新建通道中，单击"确定"按钮后，将在通道面板中出现Alpha1通道。

（3）单击Alpha1通道，执行"图像→调整→色阶"菜单命令，将弹出如图3-36所示的对话框。在该对话框中，拖动"输入色阶"的黑色和白色滑块，调节通道中的黑色与白色的范围，使人物轮廓清晰。注意不要调节太过、造成细节丢失过多，保证凌乱的头发清晰可见，调整后的通道如图3-37所示。

> 图3-35 通道计算

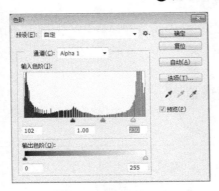

> 图3-36 色阶调整

> 图3-37 色阶调整后的通道

（4）执行"图像→调整→反相"菜单命令，将Alpha通道进行反相，此时人物是白色，背景是黑色，设置前景色为白色，选择"画笔"工具，设置合适大小的笔刷，在人物轮廓以内进行涂抹，将整个人物区域涂成白色。设置前景色为黑色，使用画笔工具将背景中的零星灰色涂成黑色，此时的Alpha 1通道如图3-38所示。

（5）单击"通道"面板下方的"将通道作为选区载入"按钮，将通道转换为选区，激活"图层"面板，单击背景层，按【Ctrl+J】组合键复制选中的区域，得到图层1。

（6）打开素材"案例12.2.jpg"，选择"移动"工具，将"案例3.2.JPG"拖动到"案例3.1.JPG"中，产生图层2，移动图层2到图层1的下方，得到如图3-39所示的效果。

> 图3-38 画笔涂抹后的通道图像

> 图3-39 加入新背景的效果

（7）图层 2 中带有部分人物以外的对象，选择"橡皮"工具，设置合适大小的画笔，将人物肩部和左臂后的木条擦除，即得到最终效果。执行"文件→保存"菜单命令，保存文件。

案例 11 制作宣传海报——通道的应用

案例描述

利用通道，结合滤镜，在通道内制作选区，完成突出主角的海报效果，如图 3-40 所示。

▶ 图 3-40 宣传海报效果

案例解析

- 结合滤镜在通道内制作选区。
- 添加图层蒙版制作突出主角的效果。

（1）打开素材文件"案例 13.1.jpg"，按【Ctrl+J】组合键复制图层，得到图层"背景复制"。

（2）选中背景层，执行"滤镜→滤镜库"菜单命令，在弹出的对话框中选择"艺术效果"滤镜组中的"粗糙蜡笔"滤镜，为背景层添加蜡笔效果，如图 3-41 所示。

▶ 图 3-41 粗糙蜡笔滤镜效果

（3）激活"通道"面板，单击"创建新通道"按钮，得到 Alpha 1 通道，设置前景色为白色，选择"喷溅"类画笔，设置合适大小，在 Alpha 1 通道内进行涂抹，位置大约在两个主角的肩部以上，效果如图 3-42 所示。

图 3-42　Alpha 1 通道内涂抹效果

选择"魔棒"工具，单击黑色区域将其选中，执行"选择→修改→羽化"菜单命令，设置羽化值为 20，按【Delete】键删除，得到羽化的白色区域。按【Ctrl+D】组合键取消选区。

（4）执行"滤镜→风格化→扩散"菜单命令，制作边缘效果，"扩散"对话框如图 3-43 所示。

（5）执行"滤镜→模糊→径向模糊"菜单命令，制作向四周放射状发散效果，设置如图 3-44 所示的参数。执行"径向模糊"滤镜后，Alpha 1 内的效果如图 3-45 所示。

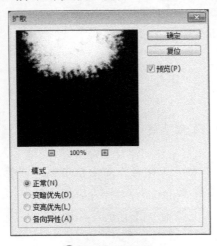

图 3-43　扩散

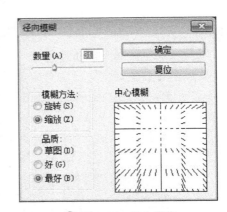

图 3-44　径向模糊

图 3-45　Alpha 1 通道内的最终效果

（6）按【Ctrl】键，单击 Alpha 1 通道，得到选区。激活图层面板，选择"背景 复制"图层，单击"图层"面板下方的"添加蒙版"按钮，为图层添加蒙版，得到的最终效果如图 3-40 所示，执行"文件→存储为"命令保存文件。

> **提示**
>
> 几个常用的快捷键，【Ctrl+L】：调整色阶；【Ctrl+I】：反相；【Ctrl+J】：复制图层或图层中选中的内容；【Ctrl+D】：取消选择；【Alt+Delete】：前景色填充；【Ctrl+Delete】：背景色填充。

3.4 通道

在 Photoshop 中，通道用来存放图像的颜色信息和自定义的选区，可以使用通道来制作特殊选区以辅助制图，也可以通过改变通道中的颜色信息来调整图像的色调。

1. 通道类型

通道作为图像的组成部分，是与图像格式密不可分的，图像格式的不同决定了通道的数量和模式也不同。例如在 RGB 模式下，共有四个通道：RGB 通道、红色（R）通道、绿色（G）通道和蓝色（B）通道。通道主要有以下几种类型：

（1）复合通道

复合通道不包含任何信息，实际上它只是同时预览并编辑所有颜色通道的一个快捷方式。它通常在单独编辑完成一个或多个颜色通道后，使通道面板回到默认状态。对于 RGB 模式而言，它的复合通道就是 RGB 通道；对于 CMYK 模式而言，它的复合通道就是 CMYK 通道；而对于 Lab 模式，它的复合通道就是 Lab 通道。

（2）颜色通道

在 Photoshop 中编辑图像时，实际上就是在编辑颜色通道。颜色通道用于保存图像的颜色信息，不同颜色模式的图像对应的颜色通道的数量也不同。RGB 模式有红（R）、绿（G）、蓝（B）三个颜色通道；CMYK 模式有青（C）、洋红（M）、黄（Y）和黑（K）四个颜色通道；Lab 模式有 L（明度）、a、b 三个颜色通道。

（3）专色通道

专色是一类预先混合好的颜色，用来弥补在印刷中四色印刷的缺点。专色通道作为一种特殊的颜色通道，它可以使用除了青色、洋红、黄色和黑色以外的颜色来绘制图像。

（4）Alpha 通道

Alpha 通道其实是一个灰度图像，其中黑色区域代表透明区域，白色区域代表不透明区域，灰色则对应不同的选择深度。Alpha 通道可以使用从黑到白共 256 级灰度色，因此能够创建非常精细的选择区域。

除了 PSD 格式，GIF 和 TIFF 格式的文件也都可以保存 Alpha 通道，而 GIF 文件还可以用 Alpha 通道进行文件的去背景处理。

（5）单色通道

单色通道是用来存储一种颜色信息的通道，一些高级的调色操作都是在单色通道中进行的。这种通道比较特别，也可以说是非正常的。如果在通道面板中随便删除其中一个通道，就会发现所有通道都变成了"黑白"的，原有的彩色通道即使不删除也变成灰度的了。

(6) 临时通道

临时通道是用户在快速蒙版或图层蒙版的状态时暂时存在的通道，当脱离这一状态时这些通道就会消失，但是可以在临时通道存在的状态下将其保存为 Alpha 通道，以便对其进行其他的编辑操作。

2. 通道面板的使用

Photoshop 中提供的"通道"面板主要用来创建、编辑和管理通道，还可以用来监视编辑图像的效果。通道面板下方的"将通道作为选区载入"按钮用于将通道内的白色区域或颜色较淡的区域作为选区载入，"将选区存储为通道"按钮则用于将当前选择的区域存储为 Alpha 通道，只有当图层或通道中有选择区域时该按钮才被激活。

（1）将颜色通道显示为彩色

在默认状态下，"通道"面板中的单个颜色通道均显示为灰度。用户可以通过设置选项，将颜色通道显示为彩色。执行"编辑→首选项→界面"菜单命令，勾选其中的"用彩色显示通道"复选框，则可以将颜色通道显示为彩色，如图 3-46 所示。

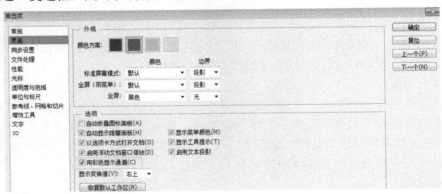

图 3-46 "首选项"对话框

（2）分离通道

使用"分离通道"命令可以将拼合图像的多个通道分离为单独的图像。利用该方法在不能保存通道的文件格式中保留单个通道信息。

单击"通道"面板右上角的按钮 ，从下拉菜单中选择"分离通道"命令，即可将通道分离，分离后的效果如图 3-47 所示。

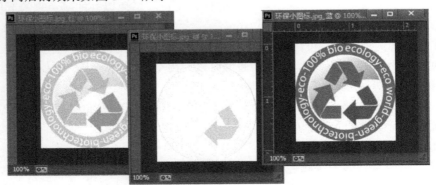

图 3-47 RGB 图像通道分离后的效果

（3）合并通道

合并通道与分离通道的功能正好相反，使用"合并通道"命令可以将多个灰度图像合并成一个图像。执行该操作时须打开全部需要合并通道的灰度图像，然后单击"通道"面板右上角的按钮，从下拉菜单中选择"合并通道"命令，弹出"合并通道"对话框，如图3-48所示，单击"确定"按钮，弹出"合并RGB通道"对话框，如图3-49所示。

▶ 图3-48 合并通道

▶ 图3-49 合并RGB通道

3. 创建Alpha通道

在所有通道中，Alpha通道的使用频率最高，其最重要的功能是保存并编辑选区。Photoshop提供了多种创建Alpha通道的方法，下面介绍常用的几种方法。

（1）创建新Alpha通道

单击"通道"面板下方的"创建新通道"按钮可快速创建一个默认的Alpha通道，这个Alpha通道是填充黑色的。

如果要进行参数设置，则可以按住【Alt】键单击"创建新通道"按钮，或者单击"通道"面板右上角的按钮，在弹出的菜单中选择"新建通道"命令，弹出如图3-50所示的对话框。

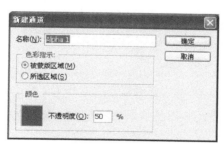

▶ 图3-50 新建通道

主要参数含义如下：

● 被蒙版区域：选择此项时，新建通道显示为黑色，白色区域代表选区。
● 所选区域：选择此项时，新建通道显示为白色，黑色代表对应的选区。

（2）从选区创建Alpha通道

在选区存在的情况下，单击"通道"面板下方的"将选区存储为通道"按钮，则该选区自动保存为新的Alpha通道，在通道中白色的部分对应选区，黑色部分则对应未选中的区域，羽化选区的边缘在通道中以柔和灰色显示。

（3）保存选区为Alpha通道并同时运算

执行"选择→存储选区"命令，弹出如图3-51所示的对话框，同样可以将选区保存为通道。与方法（2）不同的是，如果当前文件中存在Alpha通道，在弹出的对话框中可以将当前要保存的选区与Alpha通道进行运算，从而得到更为复杂的Alpha通道，如图3-52所示。

> 图 3-51　"存储选区"对话框 1　　　> 图 3-52　"存储选区"对话框 2

对比以上两个图会发现，当在"通道"选项选择"新建"时，需要设置通道名称，且只能进行"新建通道"的操作，当在"通道"选项选择已有的 Alpha 通道时，则所有操作都可选，此时的"新建通道"操作将用当前选区替换原有通道内容。

（4）从快速蒙版创建 Alpha 通道

当工作在快速蒙版状态时，"通道"面板中将会出现一个名为"*alpha*"的暂存通道，当工作状态切换到默认状态时，这一通道将会消失，将此通道拖到"创建新通道"按钮上则可以将其保存为 Alpha 通道。

（5）从图层蒙版创建 Alpha 通道

如果当前选的图层有图层蒙版，当激活"通道面板"时，在"通道"中就会看到一个名为"*图层*蒙版*"的暂存通道，如果选择没有蒙版的图层时，这一通道就会消失。如果保存为 Alpha 通道，可以将该通道拖动到"创建新通道"按钮上。

 案例 12　探出画框——蒙版的应用

案例描述

利用自定义形状，图层样式和图层蒙版制作猎豹和长颈鹿探出画框的效果，如图 3-53 所示。

> 图 3-53　探出画框效果图

案例解析

- 利用自定义形状、图层样式及透视制作画框。
- 使用选择工具和图层蒙版制作探出画框的效果。

（1）执行"文件→打开"菜单命令，打开素材文件"案例 14.1.jpg"，单击"图层"面板下方的"创建新图层"按钮，得到图层 1。

（2）设置前景色为 f3e0f6，选择"自定义形状"工具，设置工具模式为"像素"，在"形状"列表中选"方形窄边框"，拖动鼠标在图层 1 上绘制画框。按【Ctrl+T】组合键，打开"自由变换"控制框，在框内右击，在弹出的快捷菜单中选择"透视"命令，制作画框的透视效果。

（3）单击"图层"面板下方的"添加图层样式"按钮，选择"投影"命令，为画框增加阴影效果，勾选"斜面和浮雕"，设置大小为 3 像素，为画框添加立体效果，如图 3-54 所示。

（4）打开素材文件"案例 14.2.jpg"，选择移动工具，将其拖动到"案例 14.1"文件中，产生图层 2，设置图层 2 的不透明度为 60%，以便看到图层 1 的画框。按【Ctrl+T】组合键打开"自由变换"控制框，调整猎豹的大小，使其大部处于框内，一只爪子在框外，如图 3-55 所示。

图 3-54　画框效果

图 3-55　调整猎豹的位置

（5）选择"多边形套索"工具，在图层 2 中，沿着画框的内侧绘制选区，爪子部分要留出，选区可不必太精细，效果如图 3-56 所示。单击"图层"面板下方的"添加图层蒙版"按钮，为图层 2 添加蒙版，得到如图 3-57 所示的效果，此时的图层 2 中出现了"图层蒙版缩览图"，如图 3-58 所示。

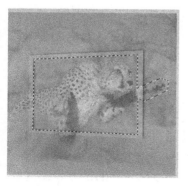
图 3-56　选区效果

图 3-57　添加图层蒙版后的效果

图 3-58　图层蒙版

（6）图层蒙版边缘有一个白色的框，代表当前处于蒙版的编辑状态。按【Ctrl++】组合键将图像进行放大，按住【Space】同时拖动鼠标，将猎豹的爪子拖动到图像中央。使用选择工具在爪子周围勾画细致选区，如图3-59所示。注意爪子上锋利的指甲，并填充黑色，将整个爪子周围多余的区域选中，填充黑色，如图3-60所示。按【Ctrl+-】组合键将图像缩放回正常大小。

▶ 图3-59 放大后的细致选区效果

▶ 图3-60 猎豹探出画框效果

（7）按"创建新图层按钮"，产生图层3，重复第（2）步，制作右下角的画框，选中图层1右击，在弹出的快捷菜单中选择"复制图层样式"命令，选择图层3右击，选择"粘贴图层样式"命令，为图层3添加和图层1一样的图层样式。

（8）打开素材文件"案例14.3.jpg"，重复第（4）、（5）、（6）步，为长颈鹿制作探出画框的效果，注意长颈鹿脖子上鬃毛细节要尽量保留，最终完成后的效果如图3-53所示。执行"文件→存储为"命令保存文件。

3.5 蒙版

Photoshop的蒙版是将不同的灰度色值转化为不同的透明度，并作用于它所在的图层，使图层不同位置的透明度产生相应的变化。在蒙版中，黑色代表完全透明，白色则代表完全不透明。

蒙版具有如下优点：
- 方便修改，不会产生因为使用橡皮擦或剪切删除造成的遗憾。
- 可运用不同滤镜，以产生一些意想不到的特殊效果。
- 任何一张灰度图像都可以用作蒙版。

蒙版的类型：快速蒙版、图层蒙版、矢量蒙版和剪贴蒙版。

1. 快速蒙版

快速蒙版是一个临时性的蒙版，利用快速蒙版可以快速、准确地选择图像，当蒙版区域转换为选区时，蒙版会自动消失。

（1）单击工具箱中的"以快速蒙版模式编辑"按钮，进入"快速蒙版"编辑状态，选择"画笔"工具在需要选择的对象上涂抹，如图3-61所示。此时"通道"面板中会出现一个临时的Alpha通道，以斜体显示，如图3-62所示。

（2）单击工具箱中的"以标准模式编辑"按钮，可以将画笔涂抹以外的部分转换为选区，同时"通道"面板中的临时通道消失。

（3）单击"通道"面板右上角的按钮，在弹出的下拉菜单中选择"快速蒙版选项"命令，弹出如图 3-63 所示的对话框。

 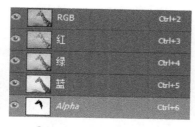 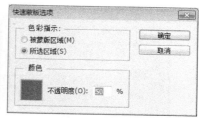

▶ 图 3-61　快速蒙版状态　　▶ 图 3-62　临时通道　　▶ 图 3-63　"快速蒙版选项"对话框

参数含义如下。

"被蒙版区域"：默认状态下的"色彩指示"选项，涂抹的区域将不被选择。

"所选区域"：选择此项时，涂抹的区域被选择。

"颜色"：单击拾色器，可以设置蒙版的颜色。

（4）使用画笔工具或填充工具可以编辑快速蒙版，当用白色涂抹时，红色的蒙版区域变透明，表示减少蒙版区域；用黑色涂抹时，涂抹区域呈红色，表示增加蒙版区域。

2. 图层蒙版

图层蒙版可以控制当前图层的不同区域的透明度，通过修改图层蒙版，可以制作各种特殊效果，图层蒙版最大的优点是在显示或隐藏图像时，所有操作均在蒙版中进行，不会影响图层中的像素内容。

图层蒙版只以灰度显示，其中白色部分对应的该层图像内容完全显示，黑色部分对应的该图层内容完全隐藏，中间灰度对应的是该图层图像内容产生相应的透明效果。需要注意背景层是不能添加图层蒙版的。

（1）创建图层蒙版

在 Photoshop 中，有多种创建图层蒙版的方法，可根据不同的情况来决定使用哪种方法。

- 直接添加图层蒙版：在没有选存在的情况下，单击"图层"面板下方的"添加图层蒙版"按钮，或者单击"图层→图层蒙版→显示全部"命令来创建蒙版，在此情况下创建的图层蒙版呈现白色显示。
- 依据选区添加图层蒙版：在选区存在的情况下，单击"图层"面板下方的"添加图层蒙版"按钮，或者单击"图层→图层蒙版→显示选区"命令，可得到显示当前选区所限定范围图像的蒙版效果。
- 通过"贴入"命令添加图层蒙版：在当前图层中存在选区的情况下，复制一幅图像，执行"编辑→贴入"命令将图像粘贴至该选区，同时会生成一个图层蒙版，如图 3-64 所示。

（2）蒙版的基本操作

- 选择图层蒙版：单击图层中的"图层蒙版缩览图"，在蒙版周围会显示一个白色方框，按住【Alt】键，单击"图层蒙版缩览图"可进入蒙版编辑区域。
- 屏蔽图层蒙版：单击"图层→图层蒙版→停用"命令，或者按住【Shift】键单击"图层蒙版缩览图"，此时图层蒙版区显示一个红色的叉号。
- 由蒙版创建选区：按住【Ctrl】键单击"图层蒙版缩览图"。
- 删除图层蒙版：单击"图层"面板下方的"删除图层"按钮，会弹出如图 3-65 所示的对话框。如果选择"应用"按钮，将蒙版效果应用到图层后删除蒙版；选择"删除"按钮则直接将蒙版删除，不改变图层中的原图像。

> 图 3-64　执行"贴入"命令添加图层蒙版及对应"图层"面板

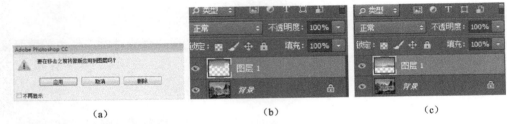

> 图 3-65　删除图层警告对话框及选择"应用"和"删除"后对应的图层面板

> **提 示**
> 蒙版的大部分操作都可以通过右击"图层蒙版缩览图"，在弹出的菜单中选择相应的命令来实现。

3. 矢量蒙版

矢量蒙版与图层蒙版相似，也是一种控制图层中图像显示与隐藏的方法，不同的是它使用路径来限制图像的显示与隐藏，所以，矢量蒙版都是具有规则边缘的蒙版。它比较适合于为图像添加边缘清晰、锐利的蒙版效果，仅能使用"钢笔"或"矩形工具组"的工具进行编辑。如果要使用其他工具进行编辑，则需要将矢量蒙版栅格化，执行"图层→栅格化→矢量蒙版"命令即可。

4. 剪贴蒙版

剪贴蒙版是一种常用于混合文字、形状及图像的技术，由两个以上的图层构成，处于下方的图层被称为基层，而其上方的图层则被称为内容图层，在每个剪贴蒙版中，基层都只有一个，而内容图层则可以有多个。剪贴蒙版的核心其实是"限制"，即通过一个基层来限制内容图层的显示效果，剪贴蒙版效果如图 3-66 所示。

当确定了剪贴蒙版中的基本与内容层后，创建剪贴蒙版可通过以下方法进行：

- 按住【Alt】键，将鼠标放在两个图层中间的实线上，当鼠标变成带折线箭头的方框时单击即可。
- 选中要创建剪贴蒙版的两个图层中的任意一个，执行"图层→创建剪贴蒙版"菜单命令。

● 选择处于上方的图层，按【Ctrl+Alt+G】组合键，可也创建剪贴蒙版。

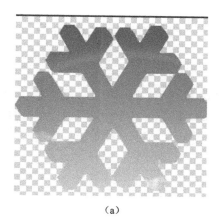 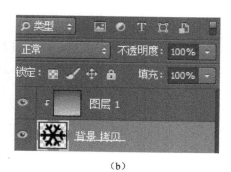

(a)　　　　　　　　　　　　　　　　(b)

> 图 3-66　剪贴蒙版效果及对应的图层面板

要取消剪贴蒙版，可在剪贴蒙版中选择基层，执行"图层→释放剪贴蒙版"菜单命令，或按【Ctrl+Alt+G】组合键。

3.6　通道的编辑及其他

1. 图层面板中其他选项功能

● 不透明度：调整除背景层以外的图层的不透明度，数值越小越透明。
● 锁定透明像素：由于锁定了透明像素，因此只有在图层中的图像内部才能进行操作。
● 锁定图像像素：不能应用画笔工具。
● 锁定位置：由于锁定了图层的位置，因此不能使用移动工具移动图像。
● 全部锁定：全部锁定后不能对该图层进行任何操作。
● 填充：与"不透明度"一样可以调整图像的不透明度，但是"不透明度"是用于调整图层整体的不透明度，而"填充"则是用于调整除应用样式部分以外的图像区域的不透明度。

2. 通道的编辑

对图像的编辑实质上不过是对通道（大部分情况下是指对 Alpha 通道）的编辑，因为通道是真正记录图像信息的地方，无论色彩的改变、选区的增减、渐变的产生，都可以追溯到通道中去。鉴于通道的特殊性，与其他很多工具有着千丝万缕的联系，下面简单介绍几种通道的编辑工具。

（1）选择工具

Photoshop 中的选择工具包括选区工具组的工具、魔术棒、文字蒙版及由路径转换来的选区等，其中包括同羽化值的设置。利用这些工具在通道中的操作与对一个图像的操作是相同的。

（2）绘图工具

利用绘图工具对通道进行编辑的优势在于可以精确地控制笔触，从而可以得到更为柔和且复杂的边缘。绘图工具包括喷枪、画笔、铅笔、图章、橡皮擦、渐变、油漆桶、模糊锐化和涂抹、加深减淡及海绵，其中画笔和渐变工具是比较常用的工具，渐变工具还可以平滑细腻地过渡，使图像能更好地融合。

（3）利用滤镜

利用滤镜可以在通道中制作各种特殊效果，或者用来更好地控制边缘从而建立更适合的选区。

（4）利用调节工具

常用的调节工具包括色阶和曲线，可以对 Alpha 通道进行操作，也可对颜色通道操作。打开相应的对话框，可在"通道"选项中选择要编辑的通道，颜色通道或 Alpha 通道。当选中希望调整的通道时，按住【Shift】键，再单击另一个通道，最后打开图像中的复合通道，就可以强制这些工具同时作用于另一个通道。

需要说明的是，单纯的通道操作是不可能对图像本身产生任何效果的，必须与其他结合，如选区和蒙版，所以在理解通道时最好与这些工具联系起来。

3. 选区、通道与蒙版的关系

选区与快速蒙版之间的关系：快速蒙版是制作选区的一种方法，所以快速蒙版和选区之间存在相互转换的关系，可以通过创建并编辑快速蒙版得到选区，也可以通过将选区转换为快速蒙版进行编辑以得到更为精确的选区。

选区和图层蒙版之间的关系：选区与图层蒙版之间也存在相互转换的关系，按住【Ctrl】键，单击"图层"面板上的"图层蒙版缩览图"，可以将图层蒙版转换为选区。在选区存在的情况下，单击"图层"面板下方的"添加图层蒙版"按钮，可以将选区添加为当前图层的图层蒙版。

选区与 Alpha 通道之间的关系：这两者之间也存在相互转换的关系，通过以下方法可以将选区保存为 Alpha 通道：

（1）执行"选择→存储选区"菜单命令。

（2）在选区存在的状态下，单击"通道"面板下方的"将选区存储为通道"按钮。

将 Alpha 通道转换为选区则可以通过以下方法进行：

（1）执行"选择→载入选区"菜单命令。

（2）按【Ctrl】键，单击 Alpha 通道的缩览图。

（3）单击"通道"面板下方的"将选区作为选区载入"按钮。

Alpha 通道与图层蒙版、快速蒙版之间的关系：图层蒙版、快速蒙版都会在通道面板中产生一个临时通道，可将其拖动到"创建新通道"按钮上将其保存为 Alpha 通道。

思考与实训 3

一、填空题

1. 单击图层面板下方的_____按钮，可以快速创建一个新的图层，也可以使用 Ctrl+____+___来创建新图层。

2. 合并图层的方式包括向下合并、_____和_____三种。

3. 为图层添加图层样式可以单击图层面板下方的_____按钮，也可以单击图层菜单中的_____命令。

4．Alpha 通道的主要作用是制作和保存各种选区，其中黑色部分代表_____，白色部分代表_____。

5．图层面板中的锁定功能有四种，分别是锁定透明像素、_____、_____和全部锁定。

6．RGB 模式的图像包含四个通道，分别是 RGB 通道和____、____、____三个颜色通道。

7．创建 Alpha 通道的方法常用的有 5 种，分别是通道面板下方的创建新通道、从选区创建、_____、_____和_____。

8．常用的蒙版类型包括快速蒙版、_____、_____和_____。

9．向下合并图层的快捷键是_____，合并所有可见图层的快捷键是_____。

10．除了 PSD 格式的文件外，还有两种格式的文件可以保存通道，它们是_____和_____。

二、上机操作题

1．利用图层面板的各项功能，完成如图 3-67 所示的按钮。

2．制作如图 3-68 所示的手镯效果，提示：使用云彩滤镜制作手镯的纹理，利用图层样式制作手镯的圆润透明效果。

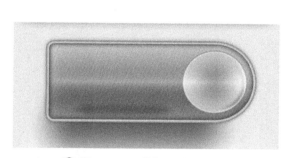

▶ 图 3-67　"按钮"效果

▶ 图 3-68　"手镯"效果

3．使用提供的素材文件，为普京和奥巴马制作亲密合照，效果如图 3-69 所示。

4．打开素材文件"云.jpg"、"飞机.jpg"和"花纹.jpg"，为飞机贴上花纹，并制作飞机飞入云层的效果，如图 3-70 所示。

▶ 图 3-69　亲密合影

▶ 图 3-70　飞入云层的纸飞机

5. 打开素材文件"小树苗.jpg"和"荒漠.jpg",抠取小树苗到荒漠中,制作"希望.jpg",效果如图 3-71 所示。

图 3-71 "希望"效果图

模块四 图像模式转换及色彩调整

Photoshop 在图像色彩和色调处理方面的功能非常强大，比如将一个劣质照片或扫描质量很差的图片进行亮度调整、色偏的调整和校正，或对图像的整体或部分进行颜色切换等。Photoshop 提供的色彩与色调调整功能，可以非常方便地对图像进行修改和编辑。

4.1 图像色彩基础

如果要将图像的色彩和色调调整为最佳的效果，必须有一定的色彩知识，才能选择最合适的色彩、最适当的明暗度和色调对比度等。

1. 色彩的概念

夜晚没有光的条件下，我们眼前一片黑暗。只有有光，才能看到周围的物体，也才能看到物体的颜色。即使同一个物体在不同的光源和不同的光量的照射下，颜色也会发生很大的变化。总之，色彩是光从物体反射到人的眼睛所引起的一种视觉感受，既与物体本身的属性有关，又与光有关。

2. 色彩的分类

（1）原色、间色、复色

原色是指不能由其他颜色混合产生的颜色。色彩通常由三种原色组成，即通常所说的"三原色"。三原色按照性质的不同可分为两类：色光三原色和色料三原色。色光三原色是指不能由其他色光混合产生的红（Red）、绿（Green）、蓝（Blue）三种色光，也就是 RGB 颜色模式中三原色。色料三原色是指不能由其他色料混合得到的青（Cyan）、品红（Magenta）和黄（Yellow）三种色料。

间色是指由两种原色叠加混合得到的颜色。如色光三原色相互混合，红色+绿色=黄色、红色+蓝色=品红色、蓝色+绿色=青色，其中的黄色、品红色、青色就称之为间色，色光三原色如图 4-1 所示。色料三原色相互混合，品红色+黄色=红色、黄色+青色=绿色、青色+品红色=蓝色，其中的红色、绿色、蓝色就称之为间色，色料三原色如图 4-2 所示。

复色是指由原色和间色再继续相互叠加混合，或者三种以上的颜色相互叠加混合得到的颜色，如绿紫色、黄绿色等。色光三原色的红、绿、蓝色光混合会产生白色光；色料三原色品红、黄、青色料混合会生成黑色色料。

在图像色彩调整中，若是 RGB 模式的图像，要从色光三原色为基础的颜色叠加混合后的变化，进行颜色的调整；若是 CMYK 模式的图像，要从色调三原色为基础的颜色叠加混合后的变化，进行颜色的调整。

▶ 图4-1 色光三原色

▶ 图4-2 色料三原色

（2）同类色、近似色、对比色、互补色

色彩根据相似程度划分为：同类色、近似色、对比色、互补色，这三类色彩可以根据图4-3所示的24色相环上的颜色的位置来区分。

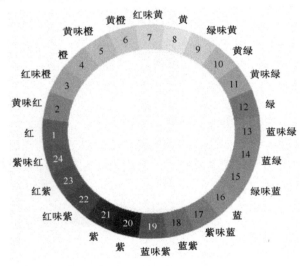
▶ 图4-3 二十四色相环

同类色指色相性质相同，但色度有深浅之分的系列颜色，一般指色相环中15度夹角内的颜色，如黄色中可分为柠檬黄、中黄、橘黄、土黄等。

近似色指色相性质相似，色相环中90°夹角内的颜色，如黄色和绿色。

对比色指色相性质相反，并列在一起可产生格外强烈的对比，色相环中相隔120°～180°的任何两种颜色，如红色和蓝色。

互补色指色相环中直径两端对应的两种颜色，如红色和绿色。

同类色的搭配给人极为协调、柔和的感觉，但容易使图像显得单调。邻近色的搭配给人舒适、和谐的感觉。对比色和互补色搭配色彩反差大，对比强烈、突出、醒目，给人有力且振奋人心的感觉。

（3）有彩色和无彩色

有彩色是指红、橙、黄、绿、青、蓝、紫等各种颜色。无彩色是指白色、黑色以及由白色和黑色调和而成的各种深浅不同的灰色。

3. 色彩的基本属性

（1）色相

色相是指色彩的相貌，也是色彩的基本特征。色相用颜色名称来标识，如红、橙、黄、绿、青、蓝、紫等。

在所有的图像色彩处理命令中，一般使用"色相/饱和度"命令来调整图像的色相。

（2）亮度

亮度是指颜色明暗、深浅的程度，也称为颜色的明度或深浅度。在黑、白、灰这些无彩色中，白色最亮，亮度最高；黑色最暗，亮度最低。在有彩色中，同样的纯度下黄色的明度最高，蓝色最低，红绿色居中；同一色相中加入的白色越多，明度越亮；加入的黑色越多，明度越低。如对于 CMYK 模式的图像，其原色分别是 C（青色）、M（洋红）、Y（黄色）和 K（黑色），调整该图像的亮度时，实质上就是调整上述 4 种原色的明暗度。

在所有的图像色彩处理命令中，一般使用"曲线"和"亮度/对比度"等命令对图像的亮度进行调整。

（3）饱和度

饱和度又称纯度，是指色彩的饱和程度，它表示纯色中灰色成分的相对比例，用 0%～100% 的百分数来衡量，纯净颜色（100%来表示完全饱和）的饱和度最高，灰色（0%表示灰度）的饱和度最低。

在所有的图像色彩处理命令中，一般使用"色相/饱和度"命令来调整图像的饱和度。

色彩的色相、亮度和饱和度三大属性，同时存在，不可分割。它们之间既相互区别、各自独立，又互为依存、相互制约，所以在使用 Photoshop 进行色彩调整时，三者都要兼顾。

4. 图像色彩处理中的其他相关概念

（1）色调

色调是根据一幅图像色彩的基本倾向对图像整体颜色的概括评价。色调这种独特的色彩形式，它在表现色彩主题情调创造、意境渲染、传达情感上是不可缺少的，能迅速而直观地使人受到感染而产生联想，不同色调画面往往会给人以不同感受和不同情调意境。如平时所说的"某某儿童照拍得特别活泼"、"某某艺术照拍得特别典雅优美"等，这些都是包括色彩的一种概括——即色调。

（2）对比度

对比度是指不同颜色之间的差异程度。两种颜色之间的差异越大，对比度就越大，如红对绿、黄对紫、蓝对橙是 3 组对比度比较大的颜色，黑色和白色是对比度最大的颜色。

在所有的图像色彩处理命令中，一般使用"亮度/对比度"命令来调整图像的对比度。

5. 色彩的感官特性

（1）冷与暖

色彩的各种感觉中，首先感到的是冷暖感。青色、蓝色给人以寒冷的感觉，称为冷色。红色、橙色、黄色给人以温暖的感觉，称为暖色。绿色、紫色、黑色、白色、灰色等色给人不冷不热的感觉，称为中性色。色彩的冷暖划分只是相对的，无严格规定。

（2）轻与重

如果同种材料做成的相同形状的物体，其质量相同，涂上白色和黑色，我们总感觉白色的轻，黑色的重。色彩也能给人不同重量感受，一般亮度高的颜色感觉轻盈，亮度低的颜色感觉沉重；同样亮度的颜色，饱和度高的比饱和度低的感觉轻。

（3）兴奋与安静

兴奋与安静的感受与色彩的色相和饱和度有关。红、橙、黄等颜色往往使人兴奋、乐于活动；绿、蓝、青、紫等颜色往往使人趋于安静。一般饱和度高的色彩容易产生兴奋感，饱和度低的色彩容易产生安静感。

（4）软与硬

柔软与坚硬的感受与色彩的亮度和饱和度有关。亮度高、饱和度低的色彩等往往给人以柔软的感觉，亮度低、饱和度高的色彩等往往给人以坚硬的感觉。

（5）华丽与质朴

色彩的华丽和质朴感觉受多种因素的影响，一般有彩色给人很华丽、耀眼的感觉，尤其明度高、纯度高、对比强烈的色彩感觉；无彩色给人质朴感，尤其明度低、纯对低的色彩。

（6）膨胀与收缩

如果一个人穿黑色衣服，我们总觉得这个人瘦了，这就是色彩给人的膨胀与收缩感。色彩的膨胀与收缩感，一般在深色的背景下收缩，浅色的背景下膨胀。

6. 色彩运用中注意的问题

（1）协调性

颜色搭配的协调就是要以某种颜色为主调，调和色彩，使各色之间搭配合理，使人感觉协调。在作品设计或处理中，首先应确定总体色调即主调，然后再考虑冷暖色和明暗调的统一等，确定其他颜色。可以说有几种不同的主调，就有几种不同的协调效果。要调控好图像的协调性，必须注意各种颜色的浓淡、冷暖以及明暗的搭配变化。

（2）平衡性

色彩可以给人轻重、软硬、膨胀与收缩的不同感受，所以配色时应注意色彩的明暗轻重和面积大小，使图像在视觉上有平衡安定的感觉。要达到平衡，配色时要考虑到屏幕上、下、左、右以及两个对角关系上的均衡，不要把很强或很弱的颜色孤立在一边。同时，也要注意每种颜色的面积大小变化，这也是平衡的关键。一般纯色和暖色比灰色和冷色面积小一些，容易达到平衡；明度接近时，饱和度高的色彩比灰色调的面积小，易于达到平衡；明度高的色彩在上、低的在下，容易达到平衡。有时为了达到一种特殊效果，也可进行反平衡的色彩配色。

（3）节奏感

节奏是通过色调、明度、纯度的某种变动和往复，以及色彩的协调、对照和照应而产生的，以此来表现出色彩的运动感和空间感。可使用色彩的重复、交替和渐变等，进行色彩的疏密、大小、强弱等形式的巧妙配合，给人以节奏感。

案例13 国门——图像模式转换

案例描述

在Photoshop中利用图像模式的转换功能，将图4-4所示的素材图片转换为图4-5所示的位图模式图像。

模块四　图像模式转换及色彩调整

▶ 图 4-4　原图

▶ 图 4-5　效果图

案例解析

- 学习将 RGB 模式的图像转换为灰度模式图像的方法。
- 学习将灰度模式的图像转换为位图模式图像的方法。

（1）打开素材文件"案例 15-1.jpg"。

（2）执行"图像→模式→灰度(G)"菜单命令，如图 4-6 所示，弹出"信息"对话框，如图 4-7 所示，单击"扔掉"按钮，将 RGB 模式图像转换为灰度模式。

▶ 图 4-6　"图像模式"菜单

▶ 图 4-7　"信息"对话框

（3）执行"图像→模式→位图(B)"菜单命令，弹出"位图"对话框"，输出像素不进行修改，方法选择"半调网屏"，如图 4-8 所示。弹出的"半调网屏"对话框如图 4-9 所示，设置频率值 85 线/英寸，角度值 45°，形状为菱形，完成灰度模式图像转换为位图模式图像的操作。

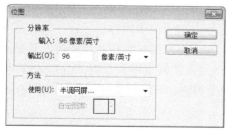

▶ 图 4-8　"位图"对话框

▶ 图 4-9　"半调网屏"对话框

（4）执行"文件→存储"菜单命令保存文件。

4.2 图像模式的转换

图像的颜色模式决定了用来显示和打印所处理图像颜色的方式。不同的颜色模式所包含的颜色范围、通道数和图像的文件大小等不同，所以有时需要把图像从一种颜色模式转换为另一种颜色模式。在 Photoshop 中选择"图像→模式"子菜单中的命令，可以进行图像颜色模式的转换。这种图像颜色模式的转换或多或少会产生一些数据的丢失，因此在进行模式转换前最好先备份原始文件，同时要注意颜色模式转换的特点，要尽量避免产生不必要的损失，以获得高质量的图像。

1. 转换为位图模式

位图模式用黑和白来表示图像中的像素，适于黑白图像输出。只有灰度模式的图像，才可以直接转换为位图模式的图像，转换时会将中间色调的像素按指定的转换方式转换成黑白的像素。RGB、CMYK 等常用的颜色模式在转换成位图时必须先转换为灰度模式，然后才能转换为位图。位图模式的图像只支持一个图层，在转换的过程中所有的图层会被自动压平，它只有一个位图通道。

2. 转换为灰度模式

灰度模式可以使用多达 256 级灰度的像素来表现图像，使图像的过渡更平滑细腻。灰度图像的每个像素有一个 0（黑色）～255（白色）之间的亮度值，其他颜色模式都可以转换为灰度模式。当彩色图像转换成灰度模式后，图像会去掉颜色信息，以灰度显示图像，类似黑白照片的效果。灰度模式的图像只有一个灰色通道，适于单色调图像输出。

3. 转换为双色调模式

双色调模式用一种灰色油墨或彩色油墨来渲染一个灰度图像。该模式最多可向灰度图像添加 4 种颜色，从而可以打印出比单纯灰度更有趣的图像，适于被加强的灰度图像输出。双色调模式一般用于单色调图像、双色调图像、三色调图像和四色调图像中。将灰度模式的图像转换为双色调模式的图像过程中，可以对色调进行编辑，产生特殊的效果。一幅彩色图像不能直接转换为双色调模式，必须先将其转换为灰度模式。

4. 转换为 RGB 模式

RGB 模式是 Photoshop 中最常用的颜色模式，也是 Photoshop 默认的颜色模式。RGB 模式通过红（R）、绿（G）、蓝（B）三种颜色的 256 种亮度级别，可以在屏幕上生成多达 1670 万种颜色，同时还能够使用 Photoshop 中所有的命令和滤镜，适于电子媒体显示。一幅灰度图像转换为 RGB 图像后，表面上看没有发生任何变化，但实际上已经转换成彩色图像，只是因为此时的 RGB 图像中，每一像素的 R、G、B 值相等，故对人的视觉没有影响。由 CMYK 模式转换为 RGB 模式，因 CMYK 色域与 RGB 色域并不完全等同，容易导致部分颜色损失。

> **注意**
>
> RGB 模式的图像转换为灰度模式，会丢失颜色信息，所以当再转换为 RGB 模式的图像时，显示出的图像颜色将不具有原图像的颜色。

5. 转换为 CMYK 模式

CMYK 模式和印刷中油墨配色的原理相同，由青（Cyan）、品红（Magenta）、黄（Yellow）、黑（Black）四种颜色混合而成，适于印刷、打印输出。它和 RGB 模式一样，每个像素在每种颜色上可以有 256 种亮度级别。理论上它可以产生 256 的 4 次方种颜色，但由于输出过程中颜色信息的损失、输出技术和环境的限制，实际上能产生的颜色数量比 RGB 少得多。

由 RGB 模式转换为 CMYK 模式将导致部分颜色损失。对于 RGB 图像落在 CMYK 色域中的颜色信息则基本上没有丢失；超出色域的部分，因其颜色空间映射算法并不是完全可逆，将引起颜色丢失。

由于 CMYK 模式文件比 RGB 模式的文件大，且部分重要的滤镜功能无法使用，因此最好是将图像编辑工作完成后，再转换为 CMYK 模式。

6. 转换为 Lab 模式

Lab 模式由亮度分量（L）、从绿色到红色色度分量（a）和从蓝色到黄色色度分量（b）组成。Lab 模式是颜色范围最广的一种颜色模式，它可以涵盖 RGB 和 CMYK 的颜色范围。同时，Lab 模式是一种独立的模式，在各种设备中都能使用并输出图像，因此，从其他模式转换为 Lab 模式不会失真。

7. 转换为索引模式

索引模式的图像是一种单通道的彩色图像，最多可包括 256 种颜色。通过限制颜色数量，可以缩小索引彩色图像的文件体积，但仍保持图像的视觉质量，适于图像在多媒体和网页上输出。

只有灰度模式、双色调模式和 RGB 模式才可以转换为索引彩色图像。当 RGB 模式的图像转换为索引模式的图像后包含近 256 种颜色，如果原图像中颜色不能用索引模式颜色表中的 256 色表现，则 Photoshop 会从可使用的颜色中选出最相近颜色来模拟这些颜色，这样可以减小图像文件的尺寸。由于灰度模式图像的颜色数不会超过 256 色，因此转换的结果总是准确的。双色调图像是单通道图像，它同样用 8 位灰度方式记录，故与灰度图像转索引图像没有什么区别。

> **注意**
>
> 虽然可以从"RGB 模式"再转换为"索引模式"，但 Photoshop 不能使文件转换到原始的颜色；一旦转换为索引模式，Photoshop 的滤镜便不可使用。

8. 转换为多通道模式

多通道（Multichannel）模式在每个通道中使用 256 灰度级，特别适合某些专业特殊的打印输出。将图像转换为多通道模式时，原始图像中的颜色通道在转换后的图像中变为专色通道。这种模式的图像限制很多，在 Photoshop 中所有的滤镜都不能使用，因此尽量不要转换为该模式。

案例 14　夕阳下的海岸——图像色彩调整

案例描述

通过调整图 4-10 所示的色阶、色相/饱和度、曲线及亮度/对比度，制作夕阳下的海岸效果，如图 4-11 所示。

▶ 图 4-10　原图

▶ 图 4-11　夕阳下的海岸效果图

案例解析

- 通过"图像→调整→色阶"命令，调整图片的影调。
- 通过"图像→调整→色相/饱和度"命令，渲染图片的色调。
- 通过"图像→调整→曲线"命令，调整图片的影调。
- 通过"图像→调整→亮度/对比度"命令，调整图片的亮度、对比度。

（1）打开图 4-10 的素材图像文件"案例 16-1.jpg"，选择"图像→调整→色阶"命令，弹出"色阶"对话框，如图 4-12 所示，输入色阶的暗、中间、亮调值分别为 9、0.82、234，效果如图 4-13 所示。

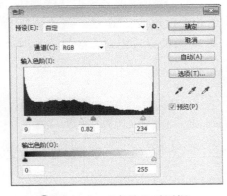

▶ 图 4-12　"色阶"对话框

▶ 图 4-13　调整"色阶"后的效果

（2）为加强夕阳落山的昏暗效果，选择"图像→调整→曲线"命令，选择红色通道，如图 4-14 所示，中间点的输入/输出值为 93/165；选择绿色通道，如图 4-15 所示，中间点的输入/输出值为 149/117；选择蓝色通道，如图 4-16 所示，中间点的输入/输出值为 173/103。曲线调整后的效果如图 4-17 所示。

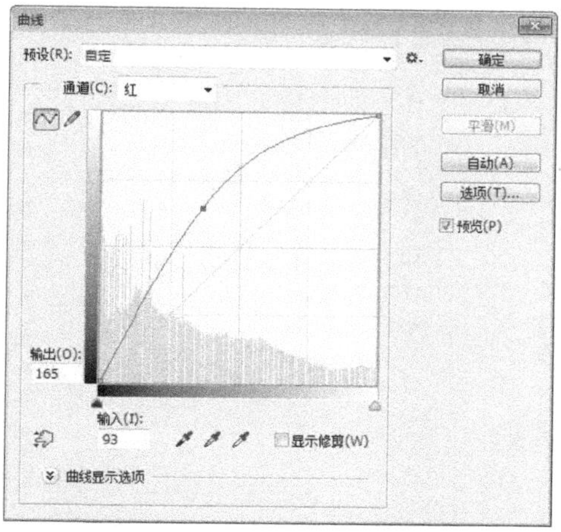

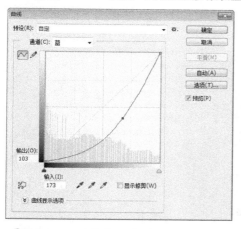

▶ 图 4-14 "曲线"对话框及参数设置

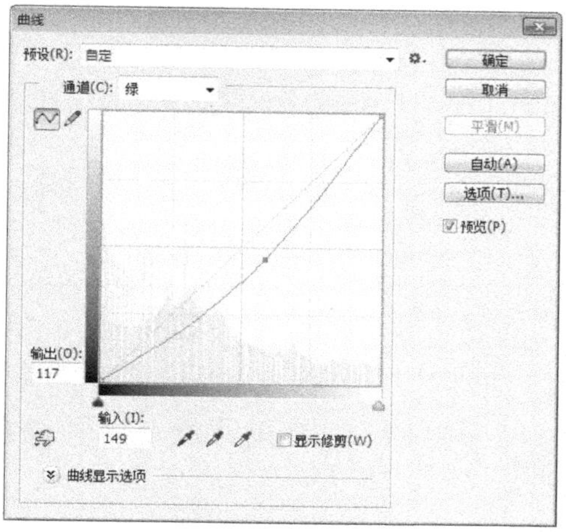

▶ 图 4-15 "曲线"对话框及参数设置

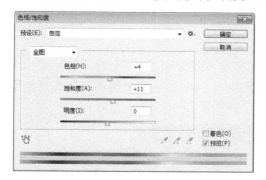

▶ 图 4-16 "曲线"对话框及参数设置

▶ 图 4-17 调整"曲线"后的效果

（3）选择"图像→调整→色相/饱和度"命令，弹出"色相/饱和度"对话框，如图 4-18 所示，将色相设为 4，饱和度的值设为 11，效果如图 4-19 所示。

▶ 图 4-18 "色相/饱和度"对话框

▶ 图 4-19 调整"色相/饱和度"后的效果

（4）选择"图像→调整→亮度/对比度"命令，弹出"亮度/对比度"对话框，设定亮度值为-5，对比度为-4，如图 4-20 所示，最终效果如图 4-11 所示。

（5）选择"文件→存储"命令，保存文件。

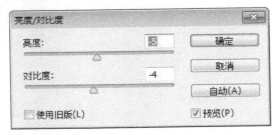

▶ 图 4-20 "亮度/对比度"对话框

案例 15 秋天印象——图像色彩调整

案例描述

巧用通道混合器、图层样式、可选颜色及亮度/对比度，将图 4-21 调出如图 4-22 所示的秋天印象效果。

▶ 图 4-21 原图

▶ 图 4-22 秋天印象效果图

案例解析

- 打开"通道混合器"，对红、绿、蓝通道分别进行设置。
- 设置"图层样式"。
- 添加"可选颜色"调整图层，调整黄色数值。
- 添加"亮度/对比度"调整图层，调整图片的亮度与对比度。

（1）打开素材图像文件"案例 17-1.jpg"，如图 4-21 所示，选择"图层→新建调整图层→通道混合器"命令，弹出"新建图层"对话框，如图 4-23 所示。

▶ 图 4-23 "新建图层"对话框

（2）单击"确定"按钮，在弹出的"通道混合器"对话框中对红、绿、蓝三个通道的数值分别进行设置：红色通道的红、绿、蓝值分别设为-50、200、-50，如图 4-24 所示，绿色通道的红、绿、蓝值分别设为0、100、0,蓝色通道的红、绿、蓝值分别设为0、0、100,效果如图4-25所示。

▶ 图4-24　"通道混合器"对话框

▶ 图4-25　调整后的效果

(3)选择"图层→图层样式→混合选项"命令,弹出"混合选项"对话框,如图4-26所示,"混合模式"设为变亮,效果如图4-27所示。

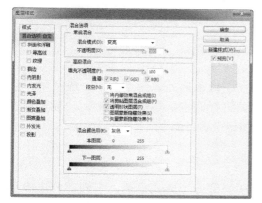

▶ 图4-26　"图层样式"对话框

▶ 图4-27　设置图层样式后的效果

(4)选择"图层→新建调整图层→可选颜色"命令,创建"可选颜色"调整图层,在"可选颜色"对话框中选择黄色,如图4-28所示,其青色、洋红、黄色、黑色值分别设为-80、40、50、0,效果如图4-29所示。

▶ 图4-28　"可选颜色"对话框

▶ 图4-29　调整黄色选项后的效果

（5）选择"图层→新建调整图层→亮度/对比度"命令，创建"亮度/对比度"调整图层，在弹出的"亮度/对比度"对话框中，将亮度值、对比度分别设为5、10，如图4-30所示，最终效果如图4-22所示。

图4-30　"亮度/对比度"对话框

（6）选择"文件→存储"命令。

4.3　图像色调的调整

图像的色调调整主要是对图像明暗度的调整。在图像色调处理命令中，一般使用"色阶"、"自动色阶"和"曲线"等命令对图像的色调进行调整，具体操作时，一般是通过调整图像中某个或几个颜色通道的方式来达到调整图像色调的目的。

1. 色调分布

图像的色调是依照色阶的明暗层次来划分的，明亮部分形成高色调，中间部分形成半色调，而阴暗的部分形成低色调，肉眼很难准确观察图像的色调。Photoshop提供的直方图能较直观地显示出图像基本的色调分布情况。打开图4-31所示的图像，选择"窗口→直方图"命令，打开"直方图"调板的紧凑视图或扩展视图，如图4-32所示的扩展视图，可以清楚地看出该图的色阶分布状况。

图4-31　图像原图

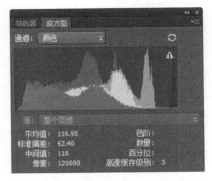

图4-32　"直方图"的扩展视图

直方图图表的横轴代表亮度，取值范围为0（黑）～255（亮）；纵轴代表每个亮度的像素值。在图表的下方有一个由 0（黑）～255（白）的带状色谱。

一般来讲，当色调分布偏向左边时，表示该图像偏暗；当色调分布偏向右边时，表示该图像偏亮；当集中于中间时，表示该图像色调偏弱。

2. 色阶

色阶表示图像中颜色或者颜色中的某一个组成部分的明暗度。当图像偏亮或偏暗时，可使用"色阶"命令对图像的高光、中间调和暗调的分布情况进行调整。打开图 4-31 所示的图像，选择"图像→调整→色阶"命令或使用快捷键【Ctrl+L】，即可弹出"色阶"参数设置对话框，如图 4-33 所示设置参数，将得到如图 4-34 所示的效果图。

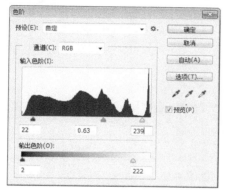

▶ 图 4-33　"色阶"对话框

▶ 图 4-34　色阶调整效果图

- "预设"：从其下拉列表中选择提前设计好的色阶调整方案。
- "通道"：从其下拉列表中选择要调整的颜色通道。
- "输入色阶"：用于调整图像的暗色调、中间色调和亮度色调。其中第一个编辑框用来设置图像的暗部色调，低于该值的像素将变为黑色，取值范围为 0～253；第二个编辑框用来设置图像的中间色调，取值范围为 0.10～9.99；第三个编辑框用来设置图像的亮部色调，高于该值的像素将变为白色，取值范围为 2～255，也可以通过对文本框上方的直方图上与三个文本框相对应的三个小三角滑标的拖动来完成调整。
- "输出色阶"：左边的编辑框用来提高图像的暗部色调，取值范围为 0～255；右边的编辑框用来降低亮部的亮度，取值范围为 0～255。
- "自动"：单击该按钮，Photoshop 将以 0%～5%的比例来调整图像，图像中最亮的像素将变成白色，最暗的像素将变成黑色。这样图像的亮度分布会更均匀，但容易造成偏色，应该慎用。
- "选项"：单击该按钮将打开"自动颜色校正选项"对话框，可以设置阴影、高光的切换颜色，以及对自动颜色校正的算法进行设置。
- "吸管工具"：单击图像选择颜色。其中，用黑色吸管单击图像，图像上所有像素的亮度值都会减去该选取色的亮度值，使图像变暗；用灰色吸管单击图像，将用吸管单击处的像素亮度来调整图像所有像素的亮度；用白色吸管单击图像，图像上所有像素的亮度值都会加上该选取色的亮度值，使图像变亮。
- "预览"：选中该复选框，在图像窗口中可预览图像效果。

3. 曲线

"曲线"命令是一种非常广泛的色调调整命令，利用它可以调整图像的亮度、对比度和色彩等，其功能实际上是反相、色调分离、亮度、对比度等多个命令的综合。打开图 4-35 所示的图像，选择"图像→调整→曲线"命令或使用快捷键【Ctrl+M】，即可弹出"曲线"对话框，如图 4-36 所示。

▶ 图 4-35　图像原图

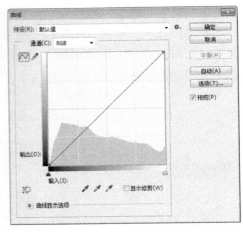

▶ 图 4-36　"曲线"对话框

- "预设"：从其下拉列表中选择提前设计好的曲线调整方案。
- "通道"：从其下拉列表中选择要调整的颜色通道。
- 曲线坐标图的横坐标表示由左至右分别代表着图像编辑前的暗调、中间调、高光值参数；纵坐标代表图像编辑后的输出参数。在该坐标图中通过调整曲线形状来进行图像亮度、对比度、色彩等的调整，方法有两种：①选中对话框中的"曲线工具"，鼠标移到曲线附近变成"+"字形，单击可以产生一个节点，拖曳鼠标，就可改变曲线形状，如曲线向左上角弯曲如图 4-37 所示，色调变亮，图像效果如图 4-38 所示；如曲线向右下角弯曲如图 4-39 所示，色调变暗，图像效果如图 4-40 所示。②选择"铅笔"工具，在曲线表格内移动鼠标可以绘制曲线。
- "输入"、"输出"：用来显示曲线上当前控制点的"输入"、"输出"值。

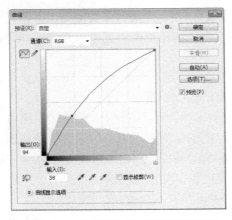

▶ 图 4-37　"曲线"对话框及参数调整

▶ 图 4-38　变亮的图像

▶ 图 4-39　"曲线"对话框及参数调整　　　　▶ 图 4-40　变暗的图像

4. 亮度和对比度

"亮度/对比度"命令可以方便地调整图像的亮度和对比度,该命令只能对图像进行整体调整,对单个通道不起作用。选择"图像→调整→亮度/对比度"命令,即可弹出"亮度/对比度"对话框,如图 4-41 所示。

- "亮度":在文本框中输入数值,或拖动下面的滑块,可以调整图像的亮度。当输入数值为负时,将降低图像的亮度;当输入的数值为正时,将增加图像的亮度;当输入的数值为 0 时,图像无变化。
- "对比度":在文本框中输入数值,或拖动下面的滑块,可以调整图像的对比度。当输入数值为负时,将降低图像的对比度;当输入的数值为正时,将增加图像的对比度;当输入的数值为 0 时,图像无变化。

5. 色彩平衡

"色彩平衡"命令主要用于调整图像的高光、中间调和暗调的总体色彩平衡。虽然"曲线"命令也可以实现此功能,但该命令使用起来更加方便快捷。选择"图像→调整→色彩平衡"命令,即可弹出"色彩平衡"对话框,如图 4-42 所示。

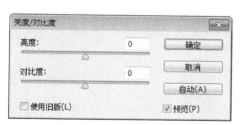
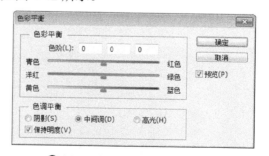

▶ 图 4-41　"亮度/对比度"对话框　　　　▶ 图 4-42　"色彩平衡"对话框

- "色阶":在其三个文本框中输入数值就可调整 RGB 三原色到 CMYK 色彩模式之间对应的色彩变化,其取值范围为-100～100。3 个数值都设置为 0 时,图像的色彩将不会变化。也可直接用鼠标拖动文本框下方 3 个滑杆中滑块的位置来调整图像的色彩。
- "色彩平衡"：用于选择需要着重进行调整的色彩范围，其中包括"暗调"、"中间调"、"高光"3个单选项，选中某一单选项，就会对相应色调的像素进行调整。
- "保持明度"选中用于色彩调整时保持图像亮度不变。

6. 自动色调

"自动色调"命令可以自动调整图像的明暗度。选择"图像→自动色调"命令，进行图像的自动色调调整，没有参数设置对话框。

7. 自动对比度

"自动对比度"命令可以自动调整图像整体的对比度。选择"图像→自动对比度"命令，进行图像的自动对比度调整。

8. 自动颜色

"自动颜色"命令将图像的暗调、中间调、高光分别进行对比度和色相的调节，将中间调均化并修整白色和黑色像素。选择"图像→自动颜色"命令，进行图像的自动颜色调整。

4.4 图像色彩的调整

图像的色彩调整主要是对图像的色相、饱和度、亮度和对比度进行调整。在图像色彩调整命令中主要有"色相/饱和度"、"去色"和"匹配颜色"等。

1. 色相/饱和度

"色相/饱和度"命令主要用来调整图像像素的色相、饱和度和亮度，还可以通过给像素指定新的色度和饱和度来实现给灰度图像染上色彩的功能。灰度和位图模式的图像不能使用"色相/饱和度"命令，要使用该命令，必须先将图像转化为 RGB 模式或其他的颜色模式。打开图 4-43 所示的图像，选择"图像→调整→色相/饱和度"命令或使用快捷键【Ctrl+U】，即可弹出"色相/饱和度"对话框，如图 4-44 所示，如图 4-45 所示进行参数设置，将得到如图 4-46 所示的效果图。

▶ 图 4-43 图像原图

▶ 图 4-44 "色相/饱和度"对话框

模块四　图像模式转换及色彩调整

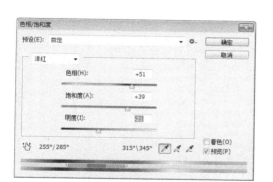

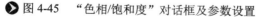 图 4-45　"色相/饱和度"对话框及参数设置　　　 图 4-46　"色相/饱和度"调整后的效果图

- "预设"：从其下拉列表中选择提前设计好的色相/饱和度调整方案。
- "编辑"：从全图、红、黄等颜色通道的下拉列表中选择调整的目标通道。
- "色相"：拖动滑块或在右侧的编辑框中直接输入图像的色相值来调整图像或目标通道的色相，取值范围为-180～180。
- "饱和度"：拖动滑块或在右侧的编辑框中直接输入图像的饱和度值来调整图像或目标通道的饱和度，取值范围为-100～100。
- "明度"：拖动滑块或在右侧的编辑框中直接输入图像的色相值来调整图像或目标通道的明暗程度，取值范围为-100～100。
- ：这3个吸管是用来改变图像的色彩变化范围的。当选中"全图"之外的颜色通道时，这3个吸管按钮才可使用。在吸管左侧显示了4个数值，这4个数值分别位于对应于其下方颜色条上的4个游标。移动该吸管至图像中单击，可将单击处的颜色作为色彩变化的范围；移动该吸管至图像中单击，可在原有色彩范围上增加当前单击的颜色范围；移动该吸管至图像中单击，可在原有色彩范围上删减当前单击的颜色范围。
- "着色"：勾选此复选框，可将当前图像或选区调整为单一的颜色。

2. 变化

"变化"命令结合了"色彩平衡"和"色相/饱和度"的功能，其主要用来调整图像、选区或图层的色彩平衡、对比度和饱和度，能让用户更直观、更方便、更准确地进行调整。执行此命令后，将打开"变化"对话框。选择"图像→调整→变化"命令，即可弹出"变化"对话框，如图 4-47 所示。

- "原稿"与"当前挑选"：分别表示原始的图像和调整后的图像效果。
- "阴影"：表示调节暗调区域。
- "中间色调"：表示调节中间调区域。
- "高光"：表示调节高光区域。
- "饱和度"：用于调整图像饱和度。
- "精细、粗糙"滑杆：移动中间滑块，调节添加色彩的精细程度。滑块靠近左侧，色彩变化越精细；滑块靠近右侧，色彩变化越明显、越粗糙。
- "显示修剪"：勾选此复选框用于显示图像的溢色区域，可避免调整后出现溢色的现象。
- 颜色预览框：单击各个颜色预览框图像，相应的图像效果将通过预览框中的图像反映出来。

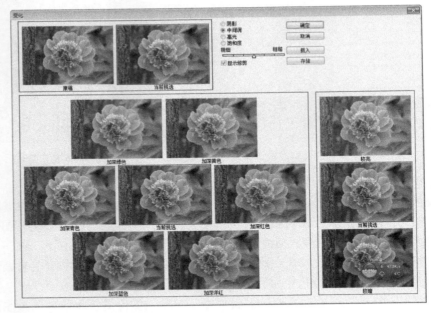

▶ 图 4-47 "变化"对话框

3. 去色

"去色"命令是在图像的原始色彩模式不发生改变的情况下，将图像的颜色去掉，得到灰度模式下的效果。如 RGB 模式的图像经"去色"调整后，显示灰度图的颜色，但仍然是 RGB 模式。选择"图像→调整→去色"命令或使用快捷键【Shift+Ctrl+U】，就进行了去色调整。

4. 替换颜色

"替换颜色"命令主要用来替换图像中某个特定范围的颜色，在图像中选取特定的颜色区域来调整其色相、饱和度和亮度值。选择"图像→调整→替换颜色"命令，即可弹出"替换颜色"对话框，如图 4-48 所示。

- ：这 3 个吸管是用来选择色彩范围确定替换颜色的选区。![] 移动该吸管至图像中单击，可将单击处的颜色作为替换的颜色；![] 移动该吸管至图像中单击，可在原有替换色彩范围上增加当前单击的颜色范围；![] 移动该吸管至图像中单击，可在原有替换色彩范围上删减当前单击的颜色范围。
- "颜色容差"：用于调整替换颜色的区域，值越大，替换颜色的图像区域越大。
- "色相"：用来设定替换颜色的色相。
- "饱和度"：用来设定替换颜色的饱和度。
- "明度"：用来设定替换颜色的明度。

▶ 图 4-48 "替换颜色"对话框

5. 匹配颜色

"匹配颜色"命令主要用来将其他图像的颜色强度和明暗度复制到当前打开的图像中，使图像之间达到一致的外观效果。打开如图 4-49 所示原图 1、如图 4-50 所示原图 2，激活原图 1 的窗口，选择"图像→调整→匹配颜色"命令，弹出"匹配颜色"对话框，设置好参数如图 4-51 所示，将得到如图 4-52 所示的效果图。

▶ 图 4-49 原图 1

▶ 图 4-50 原图 2

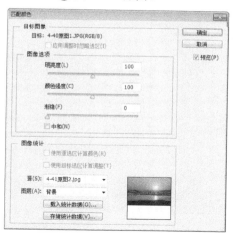

▶ 图 4-51 "匹配颜色"对话框

▶ 图 4-52 "匹配颜色"调整后的效果图

- "目标"： 当前打开的，将被粘贴新的颜色和对比度的图像。
- "源"：被复制颜色和对比度的图像。

6. 可选颜色

"可选颜色"命令主要用来选择某种颜色范围进行有针对性的修改，在不影响其他原色的情况下修改图像中某种原色的数量。选择"图像→调整→可选颜色"命令，弹出"可选颜色"对话框，如图 4-53 所示。

- "颜色"： 用于设置要调整的颜色，有"红色"、"黄色"、"绿色"、"青色"、"蓝色"、"洋红"、"白色"、"中性色"、"黑色"等颜色选项。
- "青色、洋红、黄色、黑色"滑杆：通过拖动滑块或在右侧的文本框中输入数值来调整所选颜色的成分，取值范围为-100%～100%。
- "方法"：其中"相对"表示按 CMYK 总量的百分比来调整颜色；"绝对"表示按

CMYK 总量的绝对值来调整颜色。

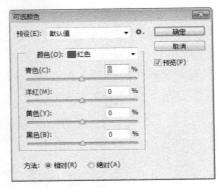

图 4-53 "可选颜色"对话框

7. 通道混和器

"通道混和器"命令用来通过颜色通道的混合来修改颜色通道，产生图像合成效果。选择"图像→调整→通道混和器"命令，弹出"通道混和器"对话框，如图 4-54 所示。

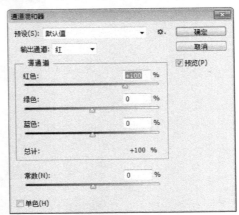

图 4-54 "通道混合器"对话框

- "预设"：从其下拉列表中选择提前设计好的颜色通道的调整方案。
- "输出通道"：从其下拉列表框中选择要调整的颜色通道。
- "源通道"：用来调整源通道在输出通道中所占的百分比，取值范围为-200%～200%。
- "常数"：用来改变输出通道的不透明度，取值范围为-200%～200%。
- "单色"：选中此复选框，可以将彩色图像变成只含灰度值的灰度图像。

8. 渐变映射

"渐变映射"命令主要用来在图像上蒙上一种指定的渐变色，以产生特殊的效果。渐变映射首先将图像转换为灰度，然后会把渐变色由左至右或沿相反方向依次划分的暗部-中间调-高光等部分，与图片的暗部-中间调-高光一一对应着色。选择"图像→调整→渐变映射"命令，即可弹出"渐变映射"对话框，如图 4-55 所示。

模块四　图像模式转换及色彩调整

图 4-55　"渐变映射"对话框

- "灰度映射所用的渐变"：从其下拉列表框中选择要渐变的颜色，或单击渐变条打开"渐变编辑器"进行选择和编辑渐变颜色。
- "仿色"：选中该复选框，将实现抖动渐变。
- "反向"：选中该复选框，将实现反转渐变。

9. 照片滤镜

"照片滤镜"命令主要用来模仿在相机镜头前安装彩色滤镜，以便调整通过镜头传输的光的色彩平衡和色温。选择"图像→调整→照片滤镜"命令，即可弹出"照片滤镜"对话框，如图 4-56 所示。

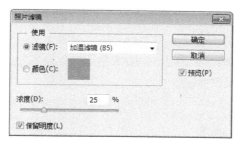

图 4-56　"照片滤镜"对话框

4.5　其他调整命令的使用

在处理图像时往往需要用一些特殊的色调控制命令来调整图像，这类调整命令主要包括"反相"、"色调均化"、"阈值"、"色调分离""阴影/高光"等。

1. 反相

"反相"命令用来将图像的颜色变成其互补色，而且不会丢失图像的颜色信息。选择"图像→调整→反相"命令，或使用快捷键【Ctrl+I】，就使图像的色彩进行了反转。

2. 色调均化

"色调均化"命令用来重新分配图像中各像素的亮度值，将最暗的像素变为黑色，最亮的像素变为白色，中间像素均匀分布，使图像的色彩分布更为均匀。选择"图像→调整→色调均化"命令，若对整个图像执行该命令，则使图像进行色调均化调整；若对图像的一部分执行命令，即可弹出"色调均化"对话框，如图 4-57 所示。

- "仅色调均化所选区域"：选中此项，色调均化仅对选区的图像起作用。

- "基于所选区域色调均化整个图像"：选中此项，色调均化就以选区中的图像最亮和最暗的像素为基准对图像进行调整。

图 4-57 "色调均化"对话框

3. 阈值

"阈值"命令是将灰度或彩色图像转换为高对比度的黑白图像。通过指定某个色阶作为阈值，所有比阈值亮的像素转换为白色，而所有比阈值暗的像素转换为黑色。选择"图像→调整→阈值"命令，弹出"阈值"对话框，如图 4-58 所示。阈值色阶的取值范围为 1～255，其值越大，黑色像素分布越广；值越小，白色像素分布越广。

4. 色调分离

"色调分离"命令是将色彩的色调数减少，制作出色调分离的特殊效果。选择"图像→调整→色调分离"命令，弹出"色调分离"对话框，如图 4-59 所示，其中"色阶"参数用于设置图像色调变化的剧烈程度，该值越小，图像色调变化越剧烈，效果越明显。

图 4-58 "阈值"对话框

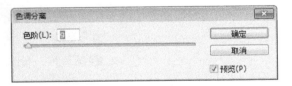

图 4-59 "色调分离"对话框

5. 阴影/高光

"阴影/高光"命令不是简单的调节图像的整体亮度，而是使基于阴影或高光中的局部像素增亮或变暗。它可以用来调整图像局部的暗部或亮部，而不对画面其余部分产生过多的影响。选择"图像→调整→阴影/高光"命令，弹出"阴影/高光"对话框，如图 4-60 所示。

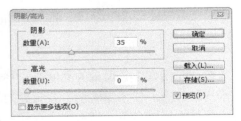

图 4-60 "阴影/高光"对话框

总之，在 Photoshop 中进行图像色调和色彩调整，一般需要创建一个调整图层，便于对比和修改。若进行图像的色调调整一般选择色阶、曲线命令；进行色彩调整一般选择色相/饱和度、阴影/高光命令。图像色调和色彩调整是一项复杂而专业的操作，它不仅要求我们具有一定的色彩理论知识，熟练掌握 Photoshop 中各项色彩调整命令，更重要的是要求我们在色彩调整实践中不断摸索总结经验，提高对颜色的敏锐性，把握颜色调整的基本规律，才能在颜色校正过程中真正轻松地"驾驭"颜色。

思考与实训 4

一、填空题

1. 色相是指_____，也是色彩的基本特征。
2. 亮度是指_____，也称为颜色的明度或深浅度。
3. 色调是根据一幅图像_____对图像整体颜色的概括评价。
4. _____模式用黑和白来表示图像中的像素，适于黑白图像输出。
5. 将一幅彩色图像转换为位图模式，应先将其转换为_____模式。
6. _____模式由亮度分量（L）、从绿色到红色色度分量（a）和从蓝色到黄色色度分量（b）组成，涵盖的颜色范围最广。
7. Photoshop 提供的_____能较直观地显示出图像基本的色调分布情况。
8. _____命令是一种非常广泛的色调调整命令，利用线的形状可调整图像的亮度、对比度和色彩等。
9. _____命令是在图像的原始色彩模式不发生改变的情况下，将图像的颜色去掉，得到灰度模式下的效果。
10. 反相命令用来将图像的颜色变成其_____，而且不会丢失图像的颜色信息。

二、上机操作题

1. 根据提供的素材图片"日落.jpg"，如图 4-61 所示，利用"色阶"或"曲线"命令调整各通道下的色调，完成如图 4-62 所示的效果。

▶ 图 4-61 素材图片

▶ 图 4-62 效果图

2. 根据提供的素材图片"花.jpg"，如图 4-63 所示，利用"色相/饱和度"命令调整图像的色彩，完成如图 4-64 所示的效果。

▶ 图 4-63　素材图片

▶ 图 4-64　效果图

3．根据提供的素材图片"海岸.jpg"，如图 4-65 所示，利用"色相/饱和度"、"曲线"等命令调整图像的色彩，完成如图 4-66 所示的效果。

▶ 图 4-65　素材图片

▶ 图 4-66　效果图

模块五

滤 镜

 案例 16　花朵的绘制火焰字——风和波纹滤镜

案例描述

利用风、扩散、模糊等滤镜和颜色表制作如图 5-1 所示的火焰字效果。

▶ 图 5-1　火焰字效果

案例解析

● 利用风、扩散、模糊和波纹滤镜制作火苗效果。
● 利用通道面板保留文字选区。
● 调整图像模式，利用颜色表制作火焰。

（1）执行"文件→新建"菜单命令，新建 500×500 像素的文件，颜色模式为灰度。

（2）设置前景色为白色，背景色为黑色，按【Ctrl+Delete】组合键将背景层填充为黑色。选择"横排文字"工具，设置字体为"华文彩云"，字号为 72，输入"火焰字"，如图 5-2 所示。

（3）打开"通道"面板，拖动灰色通道到"创建新通道"按钮上，得到"灰色复制"通道，用来保存文字选区。激活"灰色"通道，将画布进行旋转，得到如图 5-3 所示效果。

（4）执行"滤镜→风格化→风"菜单命令，具体参数的设置如图 5-4 所示，单击"确定"按钮，得到风的效果，但效果不是很明显，按两次【Ctrl+F】组合键重复执行风滤镜，得到如图 5-5 所示的效果。

▶ 图 5-2　输入文字效果

▶ 图 5-3　画布顺时针旋转 90°的效果

▶ 图 5-4　风滤镜的参数设置

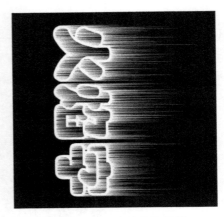

▶ 图 5-5　风滤镜最终效果

（5）执行"图像→图像旋转→90°（逆时针）"菜单命令，将画布转回初始状态。执行"滤镜→风格化→扩散"菜单命令，设置模式为"变暗优先"，得到如图 5-6 所示效果。执行"滤镜→模糊→高斯模糊"菜单命令，设置半径为 3 个像素，得到如图 5-7 所示效果。

▶ 图 5-6　扩散滤镜

▶ 图 5-7　高斯模糊滤镜

（6）执行"滤镜→扭曲→波纹"菜单命令，设置数量为"100%"，大小为"中"，单击"确定"按钮。按住【Ctrl】键，单击"灰色复制"通道，调出保存的文字选区，执行"编辑→填充"菜单命令，设置填充颜色为浅一点的灰色，得到如图 5-8 所示的效果。

（7）执行"图像→模式→索引颜色"菜单命令，将图像转换在索引颜色模式，在弹出的对话框中选择"拼合"按钮以拼合图层。执行"图像→模式→颜色表"菜单命令，设置颜色表为"黑体"，如图 5-9 所示，单击"确定"按钮得到最终效果，如图 5-1 所示。

▶ 图 5-8　填充文字选区为浅灰色

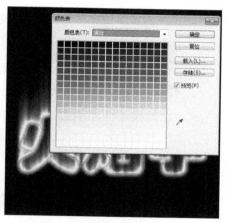

▶ 图 5-9　设置颜色表为"黑体"

5.1　风格化滤镜

Photoshop 中"风格化"滤镜是通过置换像素和通过查找并增加图像的对比度，在选区中生成绘画或印象派的效果，它是完全模拟真实艺术手法进行创作的。风格化滤镜主要包括如图 5-10 所示的 8 种子滤镜。

在 Photoshop CS3 及之前的版本中在这一滤镜组中还含有"照亮边缘"滤镜，可以通过执行"滤镜→滤镜库"命令，在弹出的对话框中打开"风格化"找到"照亮边缘"滤镜；也可以执行"编辑→首选项→增效工具"命令，勾选"显示滤镜库的所有组和名称"选项，这样就可以在风格化滤镜中看到包含"照亮边缘"在内的全部 9 种滤镜了。

（1）查找边缘：用相对于白色背景的深色线条来勾画图像的边缘，得到图像的大致轮廓，如果提高图像的对比度，则可以得到更为细致的边缘，查找边缘的效果如图 5-11 所示。

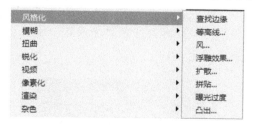

▶ 图 5-10　风格化滤镜

▶ 图 5-11　"查找边缘"效果

（2）等高线：类似于"查找边缘"滤镜的效果，但允许指定过渡区域的色调水平，主要作用是勾画图像的色阶范围，其中参数"色阶"用来指定颜色阈值，范围为 0～255；"较低"用来勾画低于指定色阶的像素，"较高"则用来勾画高于指定色阶的像素，效果如图 5-12 所示。

（3）照亮边缘：可以查找并标识图像的边缘，并向边缘添加发光效果，效果如图 5-13 所示。

▶ 图 5-12　"等高线"效果　　　　▶ 图 5-13　"照亮边缘"效果

（4）风：在图像中色彩的边缘位置创建细小的水平短线来模拟风的效果，其中风的类型不同得到的效果也不同。"风"用来模拟细致柔和的微风；"大风"效果则要强烈一些，图像会发生一些大的变化；"飓风"是最强烈的效果，图像会发生变形，不同类型的风的效果如图 5-14 所示。

　　　（a）　　　　　　　　　　（b）　　　　　　　　　　（c）

▶ 图 5-14　"风"、"大风"和"飓风"效果

（5）浮雕效果：可将图像的颜色转换为灰色，并用原来的颜色描绘图像的边缘，使图像得到凸起或凹陷的效果，其中，"角度"用于设置光照的方向，"高度"为图像凸起的高度，"数量"则用来控制浮雕效果的强弱，浮雕滤镜效果如图 5-15 所示。

（6）扩散：搅乱图像中的像素，使图像产生类似透过磨砂玻璃观看的效果。不同的扩散模式将得到不同的效果，其中，"正常"使图像边缘产生毛边的效果；"变暗优先"则是用较暗的像素代替较亮的像素，"变亮优先"则与之相反；"各向异性"则可以创建柔和模糊的图像效果。

（7）拼贴：将图像按指定的值分裂为若干个正方形的拼贴图块，并按设置的位移百分比的值进行随机偏移，然后使用背景色、前景色、反向图像或者未改变图像来填充拼贴之间的区域。使用默认值情况下，拼贴滤镜的效果如图 5-16 所示。

▶ 图 5-15　"浮雕效果"效果　　　　▶ 图 5-16　"拼贴"效果

（8）曝光过度：使图像产生类似摄影时照片短暂曝光的效果，如图 5-17 所示。

（9）凸出：将图像分割为指定的三维立方块或棱锥体，使用默认选项时的效果如图 5-18 所示。

图 5-17 "曝光过度"效果

图 5-18 "凸出"效果

5.2 模糊滤镜

使用"模糊"滤镜组中的滤镜，通过平衡图像中已定义的线条和遮蔽区边缘附近的像素，使图像变得柔和。"模糊"滤镜组包括的滤镜如图 5-19 所示，其中"场景模糊"、"光圈模糊"和"移轴模糊"被称为"模糊画廊"，是 Photoshop 较高版本中才出现的模糊滤镜。

图 5-19 模糊组滤镜

（1）模糊画廊：模糊画廊包括三个滤镜，这三个滤镜的主要作用是用来模拟照片拍摄过程中的景深控制。"场景模糊"可以通过在图像中添加多个控制点来控制每个点的模糊程度来模拟景深控制；"光圈模糊"则是在图像添加一个或多个光圈来模拟景深控制；"移轴模糊"则可以制作一个上下模糊的效果，三种模糊的设置过程如图 5-20 所示。

（a）场景模糊　　　　　　　　（b）光圈模糊　　　　　　　　（c）移轴模糊

图 5-20 模糊画廊中各滤镜的设置过程

（2）表面模糊：使图像表面产生模糊效果。在保留边缘的同时模糊图像，用于创建特殊效果并消除杂色或粒度。

（3）高斯模糊：为图像添加低频细节，使图像产生一种朦胧的感觉。高斯模糊只有一个参数，即模糊半径，高斯模糊效果如图 5-21 所示。

（4）特殊模糊：可以产生一种清晰边界的模糊。该滤镜能够找到图像边缘并只模糊图像边界线以内的区域。在正常模式下，设置半径为 14，阈值为 35，品质为高时的特殊模糊效果如图 5-22 所示。

图 5-21　"高斯模糊"效果

图 5-22　"特殊模糊"效果图

（5）动感模糊：使图像产生动态模糊的效果，类似于用固定的曝光时间给移动的物体拍摄照片，常用于制作动感较强的画面，效果如图 5-23 所示。

图 5-23　"动感模糊"效果

（6）方框模糊：基于相邻像素的平均颜色值来模糊图像。用于创建特殊效果，可以调整用于计算给定像素的平均值的区域大小；半径越大，产生的模糊效果越好。

（7）进一步模糊：使图像产生的模糊效果比"模糊"滤镜强 3～4 倍。

（8）径向模糊：模拟前后移动相机或旋转相机拍摄时所产生的柔和模糊效果。径向模糊有两种方式：旋转和缩放，不论是哪种方式，都可以通过拖动鼠标来设置模糊中心的位置。图 5-24 所展示的是原图在给定参数下所产生的径向模糊效果。

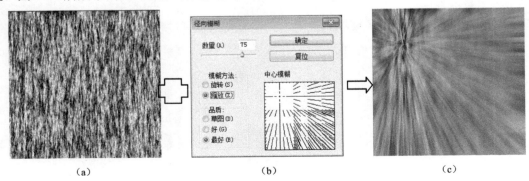
图 5-24　"径向模糊"效果

（9）镜头模糊：向图像中添加模糊以产生更窄的景深效果，以便使图像中的一些对象在焦点内，而使另一些区域变模糊。

（10）模糊：在图像中有显著颜色变化的地方消除杂色，以产生自然的整体模糊的效果。

（11）平均：找出图像或选区的平均颜色，然后用该颜色填充图像或选区以创建平滑的外观。

（12）形状模糊：使用指定的内核来创建模糊。从自定形状预设列表中选取一种内核，并使用"半径"滑块来调整其大小。通过单击三角形并从列表中进行选取，可以载入不同的形状库。半径决定了内核的大小，内核越大，模糊效果越好。

5.3 扭曲滤镜

扭曲滤镜是用几何学的原理来把一幅影像变形，以创造出三维效果或其他的整体变化。每一个滤镜都能产生一种或数种特殊效果，但都离不开一个特点：对影像中所选择的区域进行变形、扭曲。这一组滤镜所包含的滤镜如图 5-25 所示。

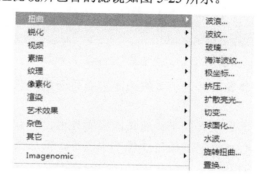

> 图 5-25　扭曲组滤镜

（1）波浪：工作方式与"波纹"滤镜类似，但是该滤镜提供了更多选项，通过对"波长"、"波幅"、"生成器数"等参数的调整可进一步控制图像的变形效果。

（2）波纹：让图像产生如水池表面的波纹效果，通过"数量"和"大小"两个参数来控制所产生波纹的形态。

（3）玻璃：使图像产生像透过不同类型的玻璃来观看的效果。

（4）海洋波纹：将随机分隔的波纹添加到图像的表面，使图像产生如同映射在波动水面上的效果。

（5）极坐标：根据在滤镜对话框中设置的选项，将选区从平面坐标转换到极坐标，或者从极坐标转换到平面坐标。图 5-26 中展示了彩条的平面坐标状态和极坐标状态。

> 图 5-26　平面坐标与极坐标下的彩条

（6）挤压：使图像的中心产生凸起或凹下的效果。

（7）镜头校正：可以校正普通相机的镜头变形失真的缺陷，如桶状变形、枕状失真、晕影及色彩失常等。

（8）扩散亮光：通过加强明亮部分，起到光线扩散的效果。

（9）切变：在滤镜对话框中指定一条曲线，然后沿该曲线扭曲图像。对话框和切变效果如图 5-27 所示。

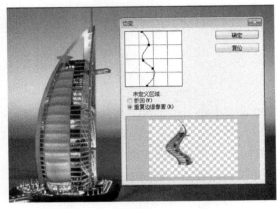

图 5-27 "切变"对话框及效果

（10）球面化：通过调整球形曲线，可将选区折成适合选中曲线的球形来扭曲图像，使图像产生立体效果。

（11）水波：可根据选区中像素的半径将选区径向扭曲，形成同心圆的水波。

（12）旋转扭曲：以中心点为基准旋转图像产生变形，形成漩涡形状。"角度"用来控制扭曲程度，值越大，扭曲越明显。

（13）置换：通过指定置换图像来扭曲选区的图像。

案例 17　完美瘦身——液化滤镜

案例描述

通过液化滤镜为人物进行瘦身，效果如图 5-28 所示。

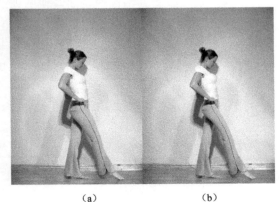

（a）　　　　　　　（b）

图 5-28 "液化"滤镜的瘦身效果

案例解析

- 利用"液化"滤镜的"向前变形"工具为人物进行瘦身操作。
- 利用"液化"滤镜的"褶皱"工具修复人物身体过于圆润部位。

（1）执行"文件→打开"菜单命令，打开素材文件"人物.jpg"，将"背景"图层拖动到"图层"面板下方的"新建"按钮上，得到新的图层"背景复制"。

（2）执行"滤镜→液化"菜单命令，打开"液化"对话框，选择"向前变形"工具，设置画笔大小为80，按如图5-29所示的箭头方向，对人物的腹部进行瘦身操作，注意：瘦身的部位要平滑，不要出现凹凸不平的现象。

（3）选择"冻结蒙版"工具，在人物臀部后的胳膊阴影上进行涂抹，注意画笔大小以刚盖住阴影为好，如图5-30所示，然后选择"向前变形"工具，在臀部位置向内变形，进行瘦身操作。

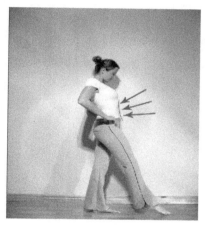

▶ 图 5-29 变形方向

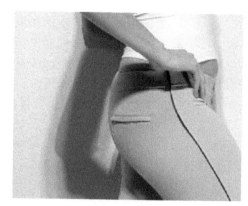

▶ 图 5-30 "冻结蒙版"工具

（4）依照上面相同的方法，为人物的其他部位进行瘦身，如图5-31所示。

（5）选择"褶皱"工具，依据所处部位的不同，设置合适大小的画笔，在人物身体比较圆润的部位，如图5-32所示，单击鼠标进行收缩，使人物整体瘦身效果看起来更自然。

▶ 图 5-31 使用"向前变形"的位置

▶ 图 5-32 使用"褶皱"的位置

（6）最终瘦身效果如图5-28所示，执行"文件→另存为"菜单命令保存文件。

5.4 液化滤镜

"液化"滤镜通过推、拉、旋转、反射、折叠和膨胀可使整个图像或者局部区域产生变形，这个变形可以是细微的，也可以是剧烈的，常用来修饰图像或制作各种艺术效果。"液化"滤镜的对话框包括三部分，左侧是工具区，中间是预览区，右侧是选项区。

"液化"滤镜的工具：

- 向前变形：通过拖动鼠标向前推动像素。
- 重建：对变形的图像进行完全或部分的恢复。
- 平滑：依据变形前的曲线修复因变形操作造成的不平滑部分。
- 顺时针旋转扭曲：按住鼠标左键或来回拖动鼠标时，顺时针旋转图像，若要逆时针旋转，需要在鼠标操作的同时按住【Alt】键。
- 褶皱：按住鼠标左键或来回拖动鼠标，周围像素将朝着画笔区域的中心移动。
- 膨胀：按住鼠标左键或来回拖动鼠标，周围像素将朝着离开画笔区域的中心移动。
- 左推：垂直向上拖动该工具时，像素向左移动（如果向下拖动，像素会向右移动）。围绕对象顺时针拖动可以增加其大小，逆时针拖动可以减小其大小。要在垂直向上拖动时向右推像素，在拖动时按住【Alt】键。
- 冻结蒙版：通过冻结预览图像的区域，防止更改这些区域。
- 解冻蒙版：在冻结蒙版区域拖动鼠标可解除冻结。
- 抓手和放大镜工具与 Photoshop 的工具箱中的抓手、放大镜工具使用方法相同。

提示

如果打开"液化"滤镜，在工具区没有看到"冻结"与"解冻"工具，可以勾选右侧的"高级模式"选项。

"液化"滤镜的选项：

- 画笔大小：设置将用来扭曲图像的画笔的宽度。
- 画笔压力：设置在图像中拖动工具时的扭曲速度。使用低画笔压力可减慢更改速度，因此更易于在恰到好处的时候停止。
- 画笔速率：设置工具保持静止时的扭曲速度，数值越大，应用扭曲的速度就越快。
- 画笔密度：控制画笔如何在边缘羽化，效果：画笔的中心最强，边缘处最轻。
- 湍流抖动：控制湍流工具对像素混杂的紧密程度。
- 光笔压力：使用光笔绘图板中的压力读数（只有在使用光笔绘图板时，此选项才可用）。选定"光笔压力"后，工具的画笔压力为光笔压力与"画笔压力"值的乘积。
- 重建选项：用于重建工具，依照选定的模式重建图像。
- 蒙版选项：选择要冻结的区域。
- 视图选项：对图像、网格、蒙版及背景进行设置。

案例 18　木质路牌——渲染与杂色滤镜

案例描述

为林中小屋添加路牌，效果如图 5-33 所示。

▶ 图 5-33　林中小屋的路牌

案例解析

- 利用"渲染"与"杂色"滤镜等制作木质路牌。
- 利用"变换"工具调整路牌的大小与方向。
- 利用"图层"面板，为路牌增加立体效果。

（1）执行"文件→新建"菜单命令，新建 500×500 像素的文件，模式为 RGB。

（2）设置前景色为深咖色（6c3f1a），背景色为浅咖色（b86f20），执行"滤镜→渲染→纤维"菜单命令，如图 5-34 所示，得到纤维化的效果。执行"滤镜→杂色→添加杂色"菜单命令，设置参数如图 5-35 所示。

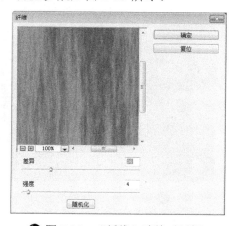

▶ 图 5-34　"纤维"滤镜对话框

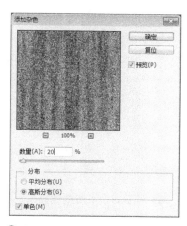

▶ 图 5-35　"杂色"滤镜对话框

（3）执行"滤镜→模糊→动感模糊"菜单命令，设置如图 5-36 所示的参数，木纹效果基本完成。

（4）在木纹上任意位置使用"矩形选框"工具绘制一矩形选区，执行"滤镜→扭曲→旋转扭曲"菜单命令，为木纹添加斑纹，增加真实感，其参数的设置如图5-37所示。

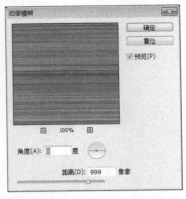
图5-36　"动感模糊"滤镜对话框

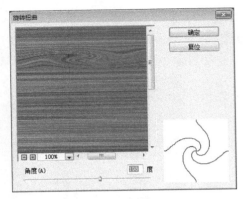
图5-37　"旋转扭曲"滤镜对话框

（5）使用"矩形选框"工具，选择带有斑纹的区域，按【Ctrl+J】组合键，将所选区域复制到新的图层，得到图层1。选择"自定义形状"工具，设置工具模式为"路径"，形状为"箭头9"，绘制箭头形状，并使用"直接选择"工具对箭头的形状稍作调整，按【Ctrl+J】组合键，将所选区域复制到新的图层，得到图层2。

（6）隐藏背景层，激活图层1，按【Ctrl+T】组合键，打开自由变换，在矩形框内单击鼠标右键，选择"旋转90°（逆时针）"命令，将木条竖起。激活图层2，使用同样的操作将箭头水平翻转，最终的调整效果如图5-38所示。

（7）按【Ctrl+E】组合键合并图层1与图层2，执行"滤镜→艺术效果→粗糙蜡笔"菜单命令，使路牌看起来更自然。

（8）打开素材文件"林间小屋.JPG"，选择"移动"工具，将路牌移动到"林间小屋.jpg"中，位置大约在路灯对面的花丛中，如图5-39所示。选择"横排文本"工具，输入文字"Tom's"，字体、字号和颜色可根据自己喜好设置，按【Ctrl+E】组合键合并图层。

图5-38　木质路牌效果

图5-39　路牌的位置

（9）按【Ctrl+T】组合键，在矩形变换框内单击鼠标右键，选择"扭曲"命令，调整箭头的方向，使其指向小屋，再次单击鼠标右键，选择"缩放"命令，调整路牌的大小，如图5-40所示。

▶ 图 5-40　路牌初步调整效果

（10）单击"图层"面板下方的"添加图层样式"按钮，为路牌添加立体效果，除将"大小"改为"2"个像素外，其他采用默认值。再次按【Ctrl+T】组合键，根据周围景物，调整路牌大小。

（11）激活背景层，选择"磁性套索"工具，选择花丛中的两簇桔色花丛，按【Ctrl+J】组合键，将所选区域复制到新的图层，得到图层2，并将图层2移动到图层1的上方，调整路牌到花丛后，完成最终效果。执行"文件→另存为"菜单命令，保存文件。

5.5　渲染滤镜

"渲染"滤镜在图像中创建 3D 形状、云彩图案、折射图案和模拟的光反射，也可在 3D 空间中操纵对象，创建 3D 对象（立方体、球面和圆柱），并从灰度文件创建纹理填充以产生类似 3D 的光照效果。"渲染"滤镜包括：云彩、分层云彩、光照效果、镜头光晕、纤维 5 个子滤镜。

（1）云彩：在前景色与背景色之间产生柔和的云彩效果，效果随机。如果当前图层有图像，"云彩"滤镜会将其代替。

（2）分层云彩：与"云彩"滤镜不同，"分层云彩"滤镜将云彩数据与当前的图像像素混合，并使用随机生成的介于前景色与背景色之间的值生成云彩图案。

（3）光照效果：提供了17种光照样式、3种光照类型和4套光照属性，可以在8位RGB模式的图像上产生无数种光照效果。Photoshop中应用光照滤镜将产生"光效"图层。将对话框底部的光照图标拖动到预览区域可为图像添加光照，按需要重复，最多可获得 16 种光照；要删除光照，拖动图像中的光照圆圈到预览窗口右下角的"删除"图标上即可。

（4）镜头光晕：模拟光照射到相机镜头上所产生的折射效果。"镜头光晕"滤镜共有两个参数："亮度"参数用来控制光晕的亮度，"镜头类型"参数用来设置所选的镜头类型。图 5-41 展示的是"亮度"为"100"，镜头类型为"50～300毫米变焦"时的镜头光晕效果。

（5）纤维：在前景色与背景色之间产生类似纤维的效果，与"云彩"效果一样，如果当前图层有图像，原有图像将会被"纤维"效果代替。

(a)　　　　　　　　　　　　　　　(b)

图 5-41　"镜头光晕"的参数设置与效果

5.6　杂色滤镜

"杂色"滤镜可以为图像添加或移去杂色或带有随机分布色阶的像素，有助于将选区混合到周围的像素中。"杂色"滤镜可以创建与众不同的纹理或移动有问题的区域，如灰尘与划痕等。"杂色"滤镜包括：减少杂色、蒙尘与划痕、去斑、添加杂色、中间值五个子滤镜。

（1）减少杂色：在基于影响整个图像或各个通道的用户设置保留边缘的同时，移去图像或选区的不自然感。图像的杂色显示为随机的无关像素，这些像素不是图像细节的一部分。当为原图像设置一定的参数时，得到的效果如图 5-42 所示。

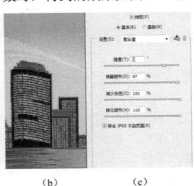

(a)　　　　　　(b)　　　　　　(c)　　　　　　(d)

图 5-42　原图像、"减少杂色"参数设置与效果图

（2）蒙尘与划痕：通过更改相异的像素来减少杂色。为了平衡锐化图像与隐藏瑕疵之间的矛盾，可以尝试在"半径"和"阈值"之间设置多种组合，或者在图像的选区中应用"蒙尘与划痕"滤镜。原图像在设置"半径"为 6 像素、"阈值"为 0 时得到的效果如图 5-43 所示。

（3）去斑：检测图像发生显著颜色变化区域的边缘并模糊除边缘外的所有选区。"去斑"滤镜在移去杂色的同时，会尽量保留图像的细节。

（4）添加杂色：将随机像素用于图像，模拟在高速胶片上拍照的效果。"添加杂色"滤镜还可以减少羽化选区或渐变填充中的条纹，或使经过重大修饰的区域看起来更真实。

（a） （b）

图 5-43　原图像与"蒙尘与划痕"滤镜的效果图

（5）中间值：通过混合选区中像素的亮度来减少图像的杂色，在消除或减少图像的动感效果时非常有用。当设置"半径"为 74 像素时，为图 5-44 所示的图像背景执行"中间值"滤镜得到如图 5-45 所示的效果。

图 5-44　"城市"原图像　　　　图 5-45　"中间值"滤镜效果

5.7　艺术效果滤镜

"艺术效果"滤镜共包含 15 种子滤镜，如图 5-46 所示。"艺术效果"滤镜主要用来模仿自然或传统的艺术效果。

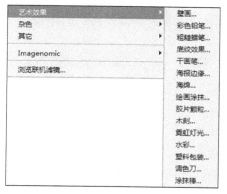

图 5-46　"艺术效果"滤镜

（1）壁画：能强烈地改变图像的对比度，使暗调区域的图像轮廓更清晰，就如同使用短而圆的小块颜料，以一种粗糙的风格绘图，最终形成一种类似古壁画的效果。对素材文件"美女.jpg"应用"壁画"滤镜，得到如图5-47所示的效果。

（2）彩色铅笔：模拟使用彩色铅笔在纯色背景上绘制图像。主要的边缘被保留并带有粗糙的阴影线外观，纯背景色通过较光滑区域显示出来。

（3）粗糙蜡笔：模拟用彩色蜡笔在带纹理的图像上描边效果。

（4）底纹效果：模拟选择的纹理与图像相互融合在一起的效果。对素材文件"美女.jpg"应用"底纹效果"滤镜，得到如图5-48所示的效果。

图5-47　"壁画"滤镜效果　　　　图5-48　"底纹效果"滤镜效果

（5）干画笔：使用干画笔绘制图像，形成介于油画和水彩画之间的效果。

（6）海报边缘：使用黑色的线条来绘制图像的边缘。对素材文件"美女.jpg"应用"海报边缘"滤镜，得到如图5-49所示的效果。

图5-49　"海报边缘"滤镜效果

（7）海绵：使用图像中颜色对强烈、纹理较重的区域重新创建图像，使图像看起来如同用海绵绘制的一样。

（8）绘画涂抹：在"绘画涂抹"滤镜的对话框中，提供了多种画笔类型，选择不同画笔类型，将产生不同的绘图效果。

（9）胶片颗粒：给原图像增加一些均匀的颗粒状斑点，模拟图像的胶片颗粒效果。

（10）木刻：使高对比度的图像呈现剪影状，从而将图像描绘成如同用彩色纸片拼贴的一样。

（11）霓虹灯光：模拟霓虹灯光照射图像的效果，图像背景将用前景色填充。对素材文件"美女.jpg"应用"霓虹灯光"滤镜的效果如图5-50所示。

（12）水彩：模拟水彩风格的图像，其中"纹理"参数用来设置水彩各种颜色交界处的过渡变形方式。

（13）塑料包装：强调表面细节，使图像产生如同在表面裹了一层光亮的塑料薄膜的效果。

（14）调色刀：模拟油画绘制中使用的调色刀，减少图像中的细节，生成描绘的很淡的画布效果，并显示出图案下的纹理。对素材文件"美女.jpg"应用"调色刀"滤镜，得到如图5-51所示的效果。

图5-50　"霓虹灯光"滤镜效果

图5-51　"调色刀"滤镜效果

（15）涂抹棒：使用短的对角线描边涂抹图像的暗部区域，起到柔化图像的作用。"涂抹棒"滤镜还可使图像的亮部区域变得更亮，以致失去图像细节。

案例19　拨开迷雾——锐化滤镜

案例描述

使用锐化滤镜和Camera Raw滤镜调整图像，提高图像清晰度，原图和效果图如图5-52所示。

（a）

（b）

图5-52　风景图片的原图与效果图

案例解析

- 利用"智能锐化"与"锐化边缘"滤镜提高清晰度。
- 利用"Camera Raw"滤镜进行饱和度等的调整。
- 使用"曲线"调整图层、"色阶"命令,调整图像的明暗。

(1)执行"文件→打开"菜单命令,打开素材文件"风景.jpg"。按【Ctrl+J】组合键复制背景层得到图层1。

(2)执行"图像→模式→Lab颜色"菜单命令,将文件转换为"Lab颜色"模式,在弹出的对话框中选择"不拼合"命令。

(3)激活"通道"面板,选择"明度"通道,执行"滤镜→锐化→智能锐化"菜单命令,参数设置如图5-53所示。执行"滤镜→锐化→锐化边缘"菜单命令,再次对图像进行锐化。

(4)执行"图像→模式→RGB颜色"菜单命令,仍然选择"不拼合"按钮,将图像转回RGB模式。

(5)执行"滤镜→Camera Raw滤镜"菜单命令,设置如图5-54所示的参数,进行饱和度和清晰度的调整。

图5-53 "智能锐化"滤镜参数设置   图5-54 "Camera RAW"参数设置

(6)再次执行"滤镜→Camera Raw滤镜"菜单命令,稍微调整"饱和度"与"清晰度",进一步提高图像的颜色饱和度,使画面更清晰鲜艳。

(7)单击"图层"面板下方的"创建新的填充或调整图层"按钮,创建"亮度/对比度"调整图层,设置对比度为30。

(8)单击"图层"面板下方的"创建新的填充或调整图层"按钮,创建"曲线"调整图层,稍向下拖动曲线,曲线效果如图5-55所示。

(9)按【Ctrl+Shift+Alt+E】组合键盖印图层,执行"图像→调整→色阶"菜单命令,设置如图5-56所示的参数,得到最终效果。执行"文件→另存为"命令,保存文件。

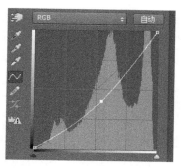

▶ 图 5-55 "曲线"参数设置

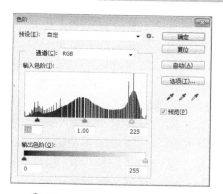

▶ 图 5-56 "色阶"参数设置

5.8 锐化滤镜

"锐化"滤镜通过增加相邻像素的对比度来聚焦模糊的图像，提高图像的清晰度。"锐化"滤镜中共包括：USM 锐化、防抖、锐化和进一步锐化、锐化边缘、智能锐化等子滤镜。

（1）USM 锐化：用来锐化图像中的边缘。可以快速调整图像边缘细节的对比度，并在边缘的两侧生成一条亮线一条暗线，使画面整体更加清晰。

（2）防抖：Photoshop CC 新增的滤镜，主要用于修正照片拍摄时由于手抖所造成的模糊，最大的优点是在锐化的同时不会出现过多的噪点。"防抖"滤镜的参数设置与效果对比如图 5-57 所示。

（a）参数设置

（b）原图

（c）效果图

▶ 图 5-57 "防抖"参数设置与效果对比图

（3）"锐化"和"进一步锐化"：聚焦选区并提高清晰度，"进一步锐化"滤镜比"锐化"滤镜应用更强的锐化效果。

（4）锐化边缘：在锐化边缘的同时保留总体的平滑度。

（5）智能锐化：通过设置锐化算法或控制在阴影和高光区域中的锐化量来锐化图像，而且能避免色晕等问题，使图像细节变得清晰。

5.9 Camera Raw 滤镜

在以前的版本中，"Camera Raw"作为一个调色用的插件存在，在 Photoshop CC 中，"Camera Raw"以滤镜的形式出现，它能在不损坏原片的前提下，对图片进行快速、批量、高效的处理。

- 基本调整：主要进行色调、色温、曝光度、对比度、清晰度、饱和度等基本调整。
- 色调曲线：同"曲线"命令类似，对高光、阴影及各颜色通道等进行调整。
- 细节：包括两个方面，"锐化"与"减少杂色"。
- HSL/灰度：对图像进行"色相"、"饱和度"和"明亮度"调整，也可转为灰度图像再进行相关调整。
- 分离色调：分别对"高光"和"阴影"进行色相、饱和度的调整。
- 镜头校正：分别就颜色和镜头扭曲度进行调整。
- 效果：通过对"颗粒"和"载剪后晕影"的调整，为图像增加不同效果。
- 相机校准：对"色调"及"红"、"绿"、"蓝"三原色的色相、饱和度进行调整。

除以上各项调整外，"Camera Raw"滤镜还提供了几个工具辅助调整，如图 5-58 所示。

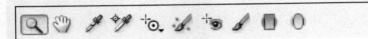

> 图 5-58　"Camera Raw"的工具

从左到右依次为"缩放"、"抓手"、"白平衡"、"颜色取样器"、"目标调整"、"污点去除"、"红眼去除"、"调整画笔"、"渐变滤镜"和"径向滤镜"工具。

5.10　其他滤镜有关

1. 像素化滤镜

"像素化"滤镜将图像分成一定的区域，将这些区域转变为相应的色块，再由色块构成图像，类似于色彩构成的效果。"像素化"滤镜所包含的滤镜如图 5-59 所示。

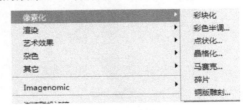

> 图 5-59　"像素化"滤镜

（1）彩块化：使用纯色或相近颜色的像素结块来重新绘制图像，得到类似手绘的效果。

（2）彩色半调：模拟在图像的每个通道上使用半调网屏的效果，将一个通道分解为若干个矩形，然后用圆形替换掉矩形，圆形的大小与矩形的亮度成正比。图像模式不同，可设置的通道数也不同，RGB 模式可设置 3 个通道，CMYK 模式则可设置 4 个通道。对 RGB 模式的图像应用"彩色半调"滤镜后的效果如图 5-60 所示。

（3）点状化：将图像分解为随机分布的网点，模拟点状绘画的效果，并使用背景色填充网点之间的空白区域。对图像应用"点状化"滤镜的效果如图 5-61 所示。

（4）晶格化：使用多边形纯色结块重新绘制图像。

（5）马赛克：将像素结成方块，"马赛克"滤镜效果如图 5-62 所示。

（6）碎片：将图像创建四个相互偏移的副本，产生类似重影的效果。

（7）铜版雕刻：使用黑白或颜色完全饱和的网点图案重新绘制图像。"铜版雕刻"共有 10 种雕刻类型，分别为精细点、中等点、粒状点、粗网点、短直线、中长直线、长直线、短描边、中长描边和长描边，如图 5-63 所示为"短直线"类型的雕刻效果。

▶ 图 5-60　"彩色半调"滤镜效果

▶ 图 5-61　"点状化"滤镜效果

▶ 图 5-62　"马赛克"滤镜效果

▶ 图 5-63　"铜版雕刻"滤镜效果

2. 画笔描边滤镜

"画笔描边"滤镜主要模拟使用不同的画笔和油墨进行描边创造出的绘画效果。"画笔描边"滤镜共包含有 8 种子滤镜，下面将依次介绍。

（1）成角的线条：使用对角描边重新绘制图像，用相反方向的线条来绘制亮区和暗区。

（2）墨水轮廓：以钢笔画的风格，用纤细的线条在原有细节上重绘图像。

（3）喷溅：模拟喷枪的效果，创建一种类似透过浴室玻璃观看图像的效果。

（4）喷色描边：使用图像的主导色，用成角的、喷溅的颜色线条重新绘制图像，设置描边长度为"5"，喷色半径为"20"时的滤镜效果如图 5-64 所示。

（5）强化的边缘：强化图像的边缘。设置较高的边缘亮度时，强化效果类似于白色粉笔；设置较低的边缘亮度时，强化效果类似于黑色油墨。

（6）深色线条：用短的、绷紧的深色线条绘制暗区；用长的白色线条绘制亮区。

（7）烟灰墨：以日本画的风格绘制图像，使图像看起来像是用蘸满油墨的画笔在宣纸上绘画。"烟灰墨"滤镜使用非常黑的油墨来创建柔和的模糊边缘，效果如图 5-65 所示。

▶ 图 5-64 "喷色描边"滤镜效果　　　　▶ 图 5-65 "烟灰墨"滤镜效果

（8）阴影线：使用模拟的铅笔阴影线添加纹理，使彩色区域的边缘变得粗糙，同时会保留原始图像的细节和特征。

3. 纹理滤镜

"纹理"滤镜主要模拟各种纹理材质，为图像添加纹理效果。"纹理"类滤镜共有 6 个子滤镜，分别是：龟裂缝、颗粒、马赛克拼贴、拼缀图、染色玻璃和纹理化。

（1）龟裂缝：根据图像的等高线生成精细的纹理，应用此纹理使图像产生浮雕的效果。

（2）颗粒：模拟不同的颗粒纹理添加到图像的效果，颗粒类型包括"常规"、"软化"、"喷洒"、"结块"、"强反差"、"扩大"、"点刻"、"水平"、"垂直"和"斑点"。

（3）马赛克拼贴：使图像看起来由方形的拼贴块组成，而且图像呈现出浮雕效果。

（4）拼缀图：将图像分解为由若干方形图块组成的效果，图块的颜色由该区域的主色决定。为素材文件"荷花.jpg"添加"拼缀图"滤镜的效果如图 5-66 所示。

（5）染色玻璃：将图像重新绘制成彩块玻璃效果，边框由前景色填充。为素材文件"荷花.jpg"添加"染色玻璃"滤镜的效果如图 5-67 所示。

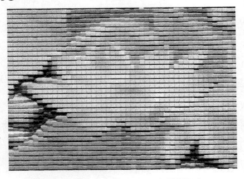 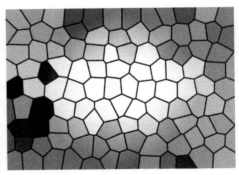

▶ 图 5-66 "拼缀图"滤镜效果　　　　▶ 图 5-67 "染色玻璃"滤镜效果

（6）纹理化：对图像直接应用自己选择的纹理，纹理类型有"砖形"、"粗麻布"、"画布"和"砂岩"4 种。

4. 素描滤镜

"素描"滤镜用于制作手绘图像的效果，简化图像的色彩，这一组滤镜中包含了 14 种子滤镜。

（1）半调图案：模拟半调网屏的效果，且保持连续的色调范围。

（2）便条纸：模拟纸浮雕的效果，与颗粒滤镜和浮雕滤镜先后作用于图像所产生的效果类似。

（3）粉笔和炭笔：创建类似炭笔素描的效果。粉笔绘制图像背景，炭笔线条勾画暗区；粉笔绘制区应用背景色，炭笔绘制区应用前景色，上述"荷花.jpg"的效果如图5-68所示。

（4）铬黄：将图像处理成银质的铬黄表面效果。亮部为高反射点，暗部为低反射点。

（5）绘图笔：使用线状油墨来勾画原图像的细节。油墨应用前景色，纸张应用背景色，"荷花.jpg"效果如图5-69所示。

图 5-68　"粉笔和炭笔"滤镜效果

图 5-69　"绘图笔"滤镜效果

（6）基底凸现：变换图像使之呈浮雕和突出光照共同作用下的效果。图像的暗区使用前景色替换，浅色部分使用背景色替换。

（7）石膏效果：使用立体石膏复制图像，然后使用前景色和背景色为图像上色。

（8）水彩画纸：产生类似在纤维纸上的涂抹效果，并使颜色相互混合。

（9）撕边：重建图像，使之呈现撕破的纸片状，并用前景色和背景色对图像着色。

（10）炭笔：产生色调分离的、涂抹的素描效果。边缘使用粗线条绘制，中间色调用对角描边进行勾画，效果如图5-70所示。

（11）炭精笔：可用来模拟炭精笔的纹理效果。在暗区使用前景色，亮区使用背景色。

（12）图章：简化图像，使之呈现图章盖印的效果，为黑白图像应用"图章"滤镜效果最佳，效果如图5-71所示。

图 5-70　"炭笔"滤镜效果

图 5-71　"图章"滤镜效果

（13）网状：使图像的暗调区域结块，高光区域好像被轻微颗粒化。

（14）影印：模拟影印图像效果。暗区趋向于边缘的描绘，而中间色调为纯白或纯黑色。

5. 滤镜库

"滤镜库"中包含了 6 组滤镜：风格化、画笔描边、扭曲、素描、纹理和艺术效果，其中"风格化"组滤镜中只包含了"照亮边缘"滤镜，"扭曲"组滤镜中包含"玻璃"、"海洋波纹"和"扩散亮光"三个滤镜。

"滤镜库"不仅是能方便设置各种滤镜效果，更重要的是能够叠加多个滤镜效果。在"滤镜库"对话框的右下角有一个显示窗口能够列出当前应用的所有滤镜，如图 5-72 所示，单击对话框下方的"新建效果图层"按钮，可以新建一个与当前滤镜一样的滤镜效果层，从而实现同一种滤镜的叠加。选择其他滤镜，当前滤镜效果层就会被替换，从而实现不同滤镜效果的叠加。移动滤镜效果层可以更改滤镜的添加顺序，进而改变图像的最终效果。

▶ 图 5-72　"滤镜库"对话框

　　按【Ctrl+F】组合键可以重复执行上一次应用的滤镜，按【Shift+Ctrl+F】组合键可以渐隐本次滤镜操作，通过设置"不透明度"和"模式"来叠加两次滤镜操作的效果。

一、填空题

1. 在"液化"滤镜的对话框中，_____工具可以使图像产生收缩效果，_____工具可以随意改变图像的形状。

2. 模糊画廊中包含的三个模糊滤镜分别是_____、_____、和_____。

3. "马赛克"滤镜属于_____组滤镜，"马赛克拼贴"属于_____组滤镜。

4. _____滤镜可以使图像添加一些短而细的水平线来模拟风吹效果。

5. Photoshop CC 中的"锐化"滤镜中新增了一个_____滤镜，用来去除拍照时手抖造成的模糊。

6. 在 Photoshop 中，_____滤镜可以使图像过于清晰或对比度过于强烈的区域产生模糊效果，也可用于制作柔和阴影。

7. "锐化"滤镜中的_____滤镜可以锐化图像的轮廓，使不同颜色之间的分界更加明显。

8. 重复执行上次应用的滤镜，可按_____快捷键，按_____可以渐隐滤镜效果。

9. 滤镜库的"风格化"滤镜中包含_____滤镜。

10. _____滤镜可以模拟光照射到相机镜头时所产生的折射效果。

二、上机操作题

1. 打开素材文件"宝贝.jpg"，使用模糊画廊中的模糊滤镜模拟景深控制，得到如图 5-73 所示的效果。

2. 打开素材文件"帅哥.jpg"，使用"液化"滤镜为人物制作微笑效果，适当调整脸型和眼睛大小，效果如图 5-74 所示。

▶ 图 5-73　景深控制效果

▶ 图 5-74　微笑帅哥

3. 利用"风"滤镜和"动感模糊"滤镜制作飞速奔驰的汽车，营造画面的动感效果，如图 5-75 所示。

4. 利用"云彩"、"铜板雕刻"滤镜和"模糊"类滤镜及图层混合模式制作出如图 5-76 所示的光晕效果。

▶ 图 5-75　飞奔的汽车

▶ 图 5-76　光晕效果

5．打开素材文件"雪后.jpg"，利用"添加杂色"、"晶格化"、"动态模糊"等滤镜及"图像"菜单中的"阈值"命令制作漫天飞雪的效果，如图5-77所示。

图5-77　漫天飞雪效果

模块六
动作、动画及 3D 功能

案例 20　自动为图像添加边框——"动作"面板的使用

案例描述

自动将图像的大小设置为 200×200 像素，并为图像添加边框，如图 6-1 所示。

▶ 图 6-1　为图像添加边框

案例解析

- 使用"动作"面板记录操作过程。
- 使用"裁剪"工具改变图像大小。
- 使用"描边"命令为图像添加边框。
- 使用滤镜为边框添加特效。

（1）执行"文件→打开"命令，弹出"打开"对话框，选择"鲜花.jpg"文件，单击"打开"按钮。

（2）执行"窗口→动作"命令或按【Alt+F9】组合键打开"动作"面板，单击"创建新动作"按钮 ，弹出"新建动作"对话框，输入新动作名称"添加边框"，如图 6-2 所示。单击"记录"按钮，"动作"面板下方出现红色圆圈按钮，表明处于动作录制状态。

（3）选择工具箱中的"裁剪"工具，在选项栏中设置宽度、高度均为 200 像素，分辨率为 72 像素/英寸，在裁剪框内双击鼠标左键。

（4）双击背景图层，在打开的"新建图层"对话框中单击"确定"按钮，将背景图层转换为普通图层"图层0"。按住【Ctrl】键的同时，用鼠标左键单击"图层0"的缩略图，选中"图层0"的全部图像。

> 图6-2　"新建动作"对话框

（5）新建一个名为"边框"图层，并使该图层成为当前图层，执行"编辑→描边"命令，打开"描边"对话框，将宽度设置为20像素，描边颜色设置为白色，如图6-3所示，单击"确定"按钮，取消选区。

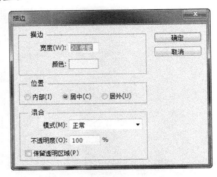

> 图6-3　"描边"对话框

（6）选择"滤镜→像素化→碎片"命令，制作碎片效果。按【Ctrl+F】组合键四次，重复制作碎片效果。

（7）选择"滤镜→锐化→锐化"命令，使边框锐化。按【Ctrl+F】组合键四次，重复制作锐化效果。按【Ctrl+D】组合键取消选区，图像效果如图6-1所示。

（8）单击"动作"面板中的"停止播放/录制"按钮，结束录制动作。

（9）选择"文件→存储为"命令，保存当前图像。

（10）选择"文件→打开"命令，打开另一幅需要添加边框的图片，在"动作"面板中选择"添加边框"动作，单击"播放选定的动作"按钮，图片自动被裁剪并添加边框。

6.1　动作

在图像处理中，有时会遇到某个或某些操作需要重复执行，如果逐一处理，未免枯燥无味，而且浪费时间。为了解决这一问题，Photoshop提供了"动作"功能——自动执行重复的操作。

1. 创建动作

"动作"的建立和执行是通过"动作"面板来完成的。按【Alt+F9】组合键或选择"窗口→动作"命令可打开"动作"面板，如图6-4所示。

模块六 动作、动画及 3D 功能

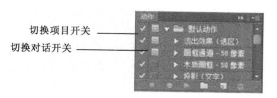

> 图 6-4 "动作"面板

（1）新建组

单击"新建组"按钮 ▢，可以创建一个组，用于管理创建的动作。

（2）创建动作

单击"创建新动作"按钮 ▢，将打开"新建动作"对话框，如图 6-2 所示，进行设置后，单击"记录"按钮，就可以开始录制动作了，动作录制完成后，单击"停止播放/记录"按钮 ▢ 即可。

- 名称：输入动作的名称。
- 组：选择存放新动作的组。
- 功能键：选择新动作的快捷键，执行动作时可直接使用对应的快捷键。
- 颜色：选择用作新动作按钮的颜色（在按钮模式下显示）。

2. 编辑动作

动作录制完毕，还可对动作中的命令进行编辑。

- 修改命令参数：双击动作中的某一命令，可对该命令进行参数设置。
- 控制命令是否执行：单击某一命令最左边的"切换项目开/关"，当有小对号时，该命令执行，否则，该命令不执行。
- 在动作执行过程中修改命令参数：单击左边的"切换对话开/关"，显示 ▢ 按钮，当执行该命令时，则会出现相应的对话框，可以进行参数设置。
- 添加命令：对于录制完成的动作，若要再加入命令，可先选择要加入命令的位置，单击录制按钮 ▢，录制要添加的命令，录制完毕，单击"停止播放/记录"按钮 ▢ 即可。
- 删除命令：选择要删除的命令，单击"删除"按钮，或直接将要删除的命令拖动到"删除"按钮上放开即可。
- 复制命令：选择要复制的命令，直接拖动到"创建新动作"按钮上 ▢ 放开或按着【Alt】键拖动要复制的命令均可实现命令的复制。
- 移动命令：直接拖动要移动的命令到一个新位置，即可实现命令的移动。

3. 执行动作

- 单击"动作"面板中的播放按钮 ▶ 或按定义的快捷键可播放选中的动作。
- 按下【Ctrl】键双击某一命令项，或选中某一命令项后，按下【Ctrl】键的同时单击"播放"按钮，将只执行该条命令。
- 动作执行过程中单击"停止"按钮或按【Esc】键暂停动作的执行。

案例21 制作闪光字——"时间轴"面板的使用

案例描述

制作如图 6-5 所示的闪光字。

> 图 6-5 闪光字

案例解析

- 使用"文字"工具输入文字。
- 对文字进行"栅格化"操作。
- 对文字添加"极坐标"和"风"滤镜效果。
- 使用"时间轴"面板创建帧动画。

（1）选择"文件→新建"命令，创建一个宽为 500 像素、高为 300 像素的新文档。

（2）设置前景色为黑色，按【Alt+Delete】组合键为图像填充黑色。

（3）选择工具箱中的"横排文字"工具，在选项栏中设置文字字体为"Brush Script Std"，大小为 60 像素，颜色为白色，输入文字"Photoshop CC"，将该文字所在的图层命名为"文字"。

（4）使"文字"层为当前图层，选择"图层→栅格化→文字"命令，将文字栅格化。

（5）选择"滤镜→扭曲→极坐标"命令，在打开的"极坐标"对话框中选择"极坐标到平面坐标"，单击"确定"按钮，文字效果如图 6-6 所示。

> 图 6-6 执行"极坐标"滤镜后的效果

（6）选择"图像→图像旋转→90°（逆时针）"命令，旋转效果如图 6-7 所示。

（7）选择"滤镜→风格化→风"命令，在打开的"风"对话框中将风吹的方向设置为"从左"，单击"确定"按钮。按【Ctrl+F】组合键，再次执行"风"滤镜，图像效果如图 6-8 所示。

模块六 动作、动画及3D功能

▶ 图6-7 画布逆时针旋转90°

▶ 图6-8 执行"风"滤镜后的效果

（8）选择"图像→图像旋转→90°（顺时针）"命令，使图像旋转回原来的状态。

（9）选择"滤镜→扭曲→极坐标"命令，在打开的"极坐标"对话框中选择"平面坐标到极坐标"，单击"确定"按钮，图像效果如图6-9所示。

（10）新建一个图层，命名为"渐变1"。选择工具箱中的"渐变"工具，设置渐变色为"色谱"，按下【Shift】键，在该图层中从左向右拖动，线性填充渐变色，并设置该图层的混合模式为"正片叠底"，得到的图像效果如图6-10所示。

▶ 图6-9 执行"极坐标"滤镜后的效果

▶ 图6-10 渐变填充后的效果

（11）新建一个图层，命名为"渐变2"，反向线性填充上一步设置的渐变色，并设置该图层的混合模式为"柔光"。

（12）选择"窗口→时间轴"命令，打开"时间轴"面板，单击"创建视频时间轴"按钮右边的小箭头，在下拉列表中选择"创建帧动画"，如图6-11所示，"创建视频时间轴"按钮变为"创建帧动画"按钮，单击"创建帧动画"按钮，"时间轴"面板如图6-12所示。

▶ 图6-11 "时间轴"面板

▶ 图6-12 创建帧动画

（13）选择第一帧，单击"时间轴"面板下方的"复制所选帧"按钮，使帧动画中的帧变为两帧。

（14）选择第一帧，单击图层"渐变2"前面的小眼睛图标，使该图层变为不可见。选择第二帧，使图层"渐变2"显示，图层"渐变1"不可见。分别单击第一帧和第二帧右下角的小箭头，在打开的下拉列表中选择0.2，将每一帧的持续时间设置为0.2秒，单击"时间轴"面板下方的"选择循环选项"按钮,在打开的下拉列表中选择"永远",单击"播放"按钮预览动画效果。

(15)选择"文件→存储为 Web 所用格式"命令,打开"存储为 Web 所用格式"对话框,格式选择"gif",单击"存储"按钮,打开"将优化的结果存储为"对话框,输入文件名称,格式选择"仅限图像",单击"保存"按钮。

6.2 动画

Photoshop 除了做平面设计外,还提供了动画功能——创建帧动画和视频时间轴动画,下面以帧动画为例说明动画的创建方法。

帧动画就是将若干幅不同的静止画面连续播放而形成的动画,其制作方法是在各图层中放置不同状态的图像,当打开帧动画的"时间轴"面板时,整幅图像自动成为时间轴的第一帧,如图 6-13 所示,通过单击"复制所选帧"按钮,可在时间轴中添加帧。依次选择各帧,在"图层"面板中改变各图层的显示状态,使各帧显示不同的图像,按顺序播放各帧,便形成动画效果。

图 6-13　帧动画"时间轴"面板

- 复制所选帧:单击按钮,将选择的帧复制一份。
- 选择帧延迟时间:单击帧下方的小箭头,可选择或自定义该帧播放的时间。
- 选择循环选项:设置动画循环播放的次数。
- 过渡动画帧:单击"时间轴"面板下方的 按钮,打开"过渡"对话框,通过添加帧,实现两帧之间的平均过渡。
- 转换为时间轴动画:单击 按钮,可以将帧动画转换为视频时间轴动画。

案例 22　制作立体字——3D 功能

案例描述

制作如图 6-14 所示的立体字。

图 6-14　立体字

案例解析

- 使用"文字"工具输入文字。
- 选择"3D→从所选图层新建3d模型"命令,生成立体文字效果。
- 使用"3D"面板,为文字设置材质。
- 渲染文件。

(1)选择"文件→新建"命令,创建一个宽为600像素、高为400像素,背景颜色为白色的新文档。

(2)选择工具箱中的"横排文字"工具,设置前景色为黑色,文字字体为"Cooper Std",大小为200点,在画布上输入文字"ps",调整文字位置为画布中间。

(3)使文字"ps"所在的图层为当前图层,选择"3D→从所选图层新建3d模型"命令,生成立体文字效果,如图6-15所示。

(4)选择选项栏中"旋转3d对象"按钮,移动鼠标至图像中,按下鼠标左键拖动,旋转文字,使立体效果更加明显,如图6-16所示。

图6-15 生成立体字

图6-16 旋转文字

(5)选择选项栏中"缩放3d对象"按钮,移动鼠标至图像中,按下鼠标左键由内向外拖动,使文字变大。

(6)选择"窗口→3D"命令,打开"3D"面板。

(7)选择"3D"面板中的"ps前膨胀材质",单击其属性面板中的"材质"部分"漫射"后面的按钮,出现下拉菜单,选择"载入纹理",在打开的对话框中选择"砖墙.jpg",将文字的前膨胀材质设置为砖墙,如图6-17所示。

(8)使用同样的方法分别设置前斜面材质、凸出材质、后斜面材质、后膨胀材质的"漫射"均为砖墙,效果如图6-18所示。

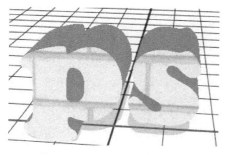

图6-17 设置前膨胀材质

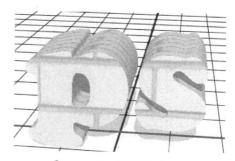

图6-18 设置材质

(9)单击调整灯光图标,图像上出现调整灯光的控制柄,如图6-19所示,移动鼠标至图像中,按下鼠标左键拖动,调整光照位置。

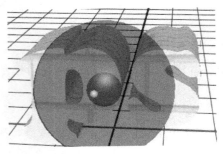

▶ 图 6-19　调整灯光

（10）单击"3D"面板下方的"渲染"按钮，对图像进行渲染。

（11）选择"文件→存储为"命令，保存文件。

6.3　3D 功能

Photoshop 软件提供了强大的 3D 功能，使用"3D"菜单并结合"3D"面板，可以制作出立体感强、质感逼真的 3D 图像。可以从文件或文件中选择的图层、选区、路径创建 3D 对象，下面就以从选择的图层创建 3D 对象为例说明创建及编辑 3D 图像的方法。

1. 创建 3D 对象

选择"3D→从所选图层创建 3D 模型"命令，即可将当前图层转换为 3D 图层，并打开"3D"面板，如图 6-20 所示。

2. 编辑材质

对 3D 对象材质的编辑主要包括对前膨胀材质、前斜面材质、凸出材质、后斜面材质和后膨胀材质的编辑，通过对这些材质的修改，可以改变 3D 图像的外观。在"3D"面板中选择某一材质，就会打开该材质的"属性"面板，如图 6-21 所示，单击右上方的"单击可打开'材质'拾色器"按钮，可在打开的预设材质下拉列表中选择一种材质，也可以通过对"漫射"、"镜像"、"发光"、"环境"等项设置来自定义材质。

▶ 图 6-20　"3D"面板

▶ 图 6-21　材质"属性"面板

3. 设置形状

用鼠标左键单击画布中的 3D 对象，会出现该对象的"属性"面板，如图 6-22 所示，可分别选择"网格"类别、"变形"类别、"盖子"类别、"坐标"类别来对形状进行编辑。下面以"网格"为例说明改变形状的方法。

- 形状预设：单击按钮，将打开预设形状列表，单击某一形状，可将该形状应用到选定的 3D 对象上。
- 凸出深度：用于改变 3D 对象的厚度。
- 编辑源：单击"编辑源"按钮，可修改 3D 对象的源内容。

4. 调整灯光

在 Photoshop 中，当创建了一个 3D 对象后，会自动产生一个灯光照射的效果，通过调整灯光，可以增加 3D 对象的真实性。

单击图像中的调整灯光图标，图像上出现调整灯光的控制柄，如图 6-19 所示，通过拖动控制柄，可以调整灯光的位置和角度，3D 图像的阴影也会随之发生变化。

若要精准调整灯光，需要在如图 6-23 所示的灯光"属性"面板中进行设置。

▶ 图 6-22 3D 对象"属性"面板

▶ 图 6-23 灯光"属性"面板

- 预设：单击"预设"右边的小箭头，可在打开的下拉列表中选择一种预设的灯光。
- 类型：灯光的类型有无限光、点光和聚光灯三种。
- 颜色：用于设置灯光的颜色。
- 强度：值越大，光照就越强烈。
- 阴影：选择是否有阴影效果。
- 柔和度：值为 0 时，阴影的边缘非常清晰，值越大，阴影的边缘就越柔和。

思考与实训 6

一、填空题

1. 在 Photoshop 中，打开"动作"面板的快捷键是_____。
2. 在"动作"面板中，某一命令前面显示■按钮，这表示_____。

3．在"动作"面板中，要复制一条命令，可以在按住_____键的同时，直接拖动该命令。

4．在"动作"面板中，若只执行某一命令，可以在按住_____键的同时，双击该命令。

5．在 Photoshop 中，按键盘上的_____键，可以终止正在执行的动作。

6．在 Photoshop 中，若要将正在编辑的动画输出为 GIF 图像，应执行的命令是_____。

7．要使动画一直循环播放，应将循环选项设置为_____。

8．对 3D 对象材质的编辑包括对_____、_____、_____、_____和_____的编辑。

9．在 Photoshop 中，3D 对象可以使用的灯光类型有_____、_____和_____。

10．在"3D"面板中，"凸出深度"的作用是_____。

二、上机操作题

1．创建一个动作，自动将打开的图像文件的色彩模式转换成 CMYK 格式，并调整"色相/饱和度"，最后保存为 Jpeg 格式的文件。

2．制作如图 6-24 所示的网页图标（先显示文字 new，然后依次出现各个小圆点，循环播放）。

图 6-24　网页图标

3．制作如图 6-25 所示的圆柱体（提示：使用"3D→从图层新建网格→网格预设→圆柱体"命令创建圆柱体，然后改变圆柱体、顶部、底部材质，对应的材质文件分别为 main.jpg、top.jpg、bott.jpg）。

图 6-25　圆柱体

模块七

综 合 应 用

案例23 温馨家庭照

案例描述

利用图层、路径面板，结合文本、路径工具等完成如图7-1所示的温馨家庭照效果。

> 图7-1 温馨家庭照效果

案例解析

- 通过路径、图层面板的操作制作相框。
- 使用钢笔、路径面板和变形工具制作花朵。
- 使用文本和变形工具制作文字效果。

（1）打开素材文件"背景.jpg"，选择"圆角矩形"工具，设置工具模式为"路径"，半径为"30"像素，绘制圆角矩形，圆角矩形的位置与大小如图7-2所示。

> 图7-2 圆角矩形的位置与大小

（2）单击"图层"面板下方的"创建新图层"按钮，新建图层1，设置前景色为白色，激活"路径"面板，使用前景色填充当前路径。激活"图层"面板，按"添加图层样式"按钮，为图层添加"外发光"效果，具体参数的设置如图7-3所示，得到如图7-4所示的相框。

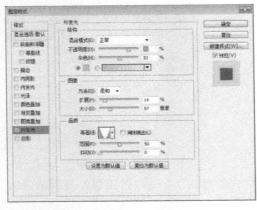

▶ 图7-3　"外发光"参数设置　　　　　▶ 图7-4　相框的外发光效果

（3）选择"魔术棒"工具，单击图层1的相框内侧白色区域，得到框内选区。打开素材文件"合影1.jpg"，按【Ctrl+A】组合键全选，按【Ctrl+C】组合键复制图像。

（4）回到"背景.jpg"文件，执行"编辑→选择性粘贴→贴入"菜单命令，将"合影1.jpg"贴入到当前选区中，按【Ctrl+T】组合键，调整图像的大小和角度，得到如图7-5所示的效果。

（5）单击"图层"面板下方的"创建新图层"按钮新建图层2，选择"自定义形状"工具，设置工具模式为"路径"，选择"红心形卡"形状，绘制心形路径。

（6）设置前景色为ffcee4，画笔大小为14像素，激活"路径"面板，用前景色为心形路径描边。激活"图层"面板，单击面板下方的"添加图层样式"按钮，为图层2添加"投影"效果。

（7）按【Ctrl+J】组合键复制图层2，得到"图层2复制"图层，按【Ctrl+T】组合键调整复制出来的心形的大小与角度，并放置在合适的位置，如图7-6所示。

▶ 图7-5　贴入照片效果　　　　　　　▶ 图7-6　心形相框效果

（8）选择图层2，使用"魔棒"工具，单击心形相框的内部得到选区，打开素材文件"合影2.jpg"，选择"椭圆选框"工具，选择父女两人，椭圆选区要尽量大一些。

（9）回到"背景.jpg"文件，执行"编辑→选择性粘贴→贴入"菜单命令，将父女两人的合影贴入到当前选区中，按【Ctrl+T】组合键，调整图像的大小和角度，得到如图 7-7 所示的效果。

（10）选择图层 2 复制，重复第（8）、（9）两步，将母子两人的合影贴入另一个心形框中。

（11）单击"图层"面板下方的"创建新图层"按钮，新建图层 3，选择"矩形选框"工具绘制一个小的矩形选区，并用前景色填充。选择"横排文字"工具，设置文字颜色为白色，输入文字"猜猜"，调整文字位置在玫红色矩形上，按【Ctrl+E】组合键将文字与矩形图层合并。

（12）选择"文字"工具，设置字体字号，设置文字颜色为前景色，输入"I am looking at what?"。按【Ctrl+T】组合键调整文字的角度，同时调整图层 3 中图像的角度，效果如图 7-8 所示。

▶ 图 7-7　心形相框贴图效果

▶ 图 7-8　添加文字效果

（13）选择"钢笔"工具，绘制花瓣形状的路径，选择"直接选择"工具，对路径中锚点的位置进行微调，选择"转换点"工具，调整花瓣的弧度，最终效果如图 7-9 所示。

（14）设置前景色为 fa91e2，单击"图层"面板下方的"创建新图层"按钮，新建图层 4。激活"路径"面板，选择"路径"面板下方的"使用前景色填充路径"按钮，填充花瓣，在"路径"面板空白处单击，隐藏路径。

（15）激活"图层"面板，选择"减淡"工具，设置不同曝光度，在图层 4 中的花瓣中进行涂抹，得到如图 7-10 所示的单个花瓣效果。

▶ 图 7-9　花瓣路径

▶ 图 7-10　单个花瓣效果

（16）按【Ctrl+T】组合键，打开变形控制框，将变形中心点移动到花瓣的一端，设置旋转角度为72度，单击 ✓ 按钮，对花瓣进行旋转，效果如图7-11所示。

（17）按【Ctrl+Alt+Shift+T】组合键，将花瓣进行旋转复制，得到花朵效果，如图7-12所示。

▶ 图7-11　旋转效果　　　　　　　　　　▶ 图7-12　花朵效果

（18）按【Ctrl】单击花瓣图层，将所有花瓣图层选中，按【Ctrl+E】组合键合并选中的图层，得到"图层4复制4"图层，按【Ctrl+J】组合键复制图层得到"图层4复制5"图层。

（19）按【Ctrl】单击"图层4复制5"图层的图标，得到选区，设置前景色为黄色，按【Alt+Delete】组合键用前景色填充选区。按【Ctrl+T】组合键，打开变形框，单击选项栏上的"保持长宽比"按钮，调整缩放比例为"30%"，效果如图7-13所示。

（20）按【Ctrl+E】组合键合并"图层4复制4"和"图层4复制5"，得到"图层4复制4"。单击"图层"面板下方的"添加图层样式"按钮，为图层添加"投影"效果，投影对话框如图7-14所示。

 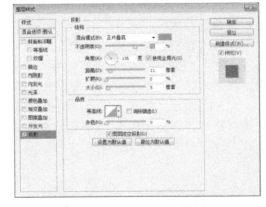

▶ 图7-13　添加花蕊效果　　　　　　　　▶ 图7-14　"投影"对话框

（21）按【Ctrl+T】组合键，打开变形框，按住【Shift】键，拖动角上的控制点，将花朵进行缩小，在变形框内单击鼠标右键，在弹出的快捷菜单中选择"扭曲"命令，将花朵压扁，效果如图7-15所示。

（22）按【Ctrl+J】组合键复制图层得到"图层4复制5"图层，选择"移动"工具，移动复制出来的花朵到合适位置，使用"扭曲"命令调整花朵的形态，得到如图7-16所示的效果。

（23）选择"钢笔"工具，在图像左上角绘制正弦曲线形状的曲线，设置前景色为白色，选择"横排文本"工具，选择"Segoe Print"字体，在路径上单击，输入文字"All the happy time with you",如图 7-17 所示。

(24)选择"图层"面板下方的"添加图层样式"按钮,为文字图层添加"描边"效果,设置如图 7-18 所示参数,完成最终效果。执行"文件→存储为"菜单命令,保存文件。

图 7-15 扭曲变形效果

图 7-16 花朵点缀效果

图 7-17 路径文字

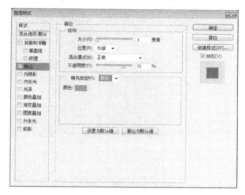
图 7-18 "描边"对话框

案例 24 文字特效

案例描述

利用图层面板和滤镜等完成如图 7-19 所示的文字特效。

图 7-19 文字特效

案例解析

- 通过滤镜制作文字的填充纹理和背景效果。
- 为文字添加图层样式，制作文字效果。

（1）执行"文件→新建"菜单命令，新建一个 500×500 像素的文件，使用默认的前景色和背景色，按【Alt+Delete】组合键将背景层填充为黑色。

（2）单击"图层"面板下方的"创建新图层"按钮，新建图层 1，执行"滤镜→渲染→云彩"菜单命令，在图层 1 中制作云彩效果，如图 7-20 所示。

（3）执行"滤镜→风格化→查找边缘"菜单命令，得到如图 7-21 所示的效果。

图 7-20　"云彩"滤镜效果

图 7-21　"查找边缘"滤镜效果

（4）按【Ctrl+L】组合键打开"色阶"对话框，具体参数的设置如图 7-22 所示。执行"滤镜→液化"菜单命令，使用"向前变形"工具在图像中随意涂抹，制作纹理效果。

（5）单击"图层"面板下方的"创建新图层"按钮，新建图层 2。选择"渐变"工具，使用"色谱"渐变在图层 2 中从左上到右下拖动鼠标填充图层 2，设置图层 2 的图层混合模式为"滤色"，得到如图 7-23 所示的效果。

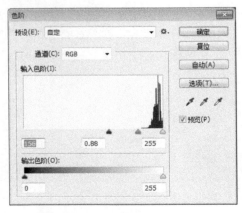
图 7-22　"色阶"对话框

图 7-23　图层混合模式效果

（6）按【Ctrl+E】组合键向下合并，将图层 2 与图层 1 合并。选择"横排文本"工具，设置字体为"Impact"，字号为"130"，输入文字"spark"。

（7）按住【Ctrl】键单击文字图层的图标，得到文字选区，选择图层1，按【Ctrl+J】组合键将选区中的内容复制到新的图层，得到图层2。单击文字图层前面的眼睛图标，隐藏文字层。

（8）选择图层2，单击"图层"面板下面的"添加图层样式"按钮，为图层2添加"斜面和浮雕"效果，具体参数的设置如图7-24所示。勾选"等高线"，设置如图7-25所示的"等高线"形状。

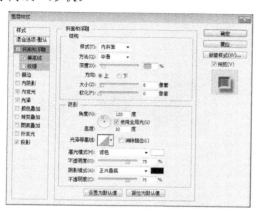

▶ 图7-24 "斜面和浮雕"参数设置

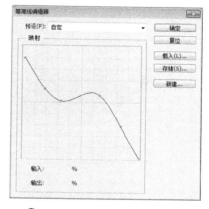

▶ 图7-25 "等高线"形状

（9）接下来依次为图层2添加"内发光"、"光泽"和"投影"效果，参数设置分别如图7-26～图7-28所示，添加完所有图层样式后得到如图7-29所示的效果。

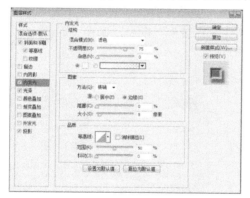

▶ 图7-26 "内发光"参数设置

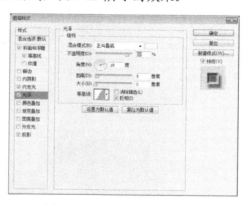

▶ 图7-27 "光泽"参数设置

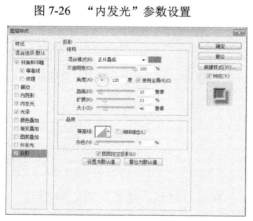

▶ 图7-28 "投影"参数设置

▶ 图7-29 初步完成的文字效果

（10）执行"滤镜→风格化→照亮边缘"菜单命令，为图层2添"加照亮边缘"的滤镜效果，按【Ctrl+F】组合键重复执行此滤镜，得到如图7-30所示的效果。

（11）按住【Ctrl】键单击图层2的图标，得到文字选区。执行"选择→修改→收缩"菜单命令，设置收缩量为"5"个像素，如图7-31所示。

图7-30 两次"照亮边缘"滤镜效果

图7-31 收缩选区

（12）选择图层1，按【Ctrl+J】组合键将选区内的图像复制到新图层，得到图层3，拖动图层3到图层2的上方。设置混合模式为"叠加"，得到最终文字效果，如图7-32所示。

（13）选择图层1，执行"滤镜→模糊→径向模糊"菜单命令，设置参数如图7-33所示，制作放射状背景，完成最终的文字特效。执行"文件→存储为"命令，保存文件。

图7-32 最终文字效果

图7-33 "径向模糊"对话框

案例25 相册封面设计

案例描述

利用所给的素材，给宝宝的成长相册制作一个精美的封面，效果如图7-34所示。

模块七 综合应用

> 图 7-34 效果图

案例解析

- 利用工具箱中的画笔、橡皮、圆角矩形等多种工具进行图像的绘制。
- 使用图层样式改变图层的外观，增强美感。
- 利用"图像→调整→亮度和对比度"菜单命令调整图像的色调和对比。
- 使用"图层→对齐→水平居中"、"图层→分布→左边"等对各种对象进行合理布局。
- 利用"横排文字工具"、"直排文字工具"添加文字。

（1）执行"文件→新建"命令或使用快捷键【Ctrl+N】，弹出"新建"对话框，设置宽度为 48 厘米、高度为 20 厘米，如图 7-35 所示。

> 图 7-35 "新建"对话框

（2）新建一个图层，命名为"底色"。设置前景色分别为 afd1e0、b6daea，使用矩形选框工具，绘制如图 7-36 所示的矩形色块。使用矩形选框工具选中该色块，执行"编辑→定义图案"命令，弹出如图 7-37 所示的"图案名称"对话框，名称设为"矩形色块"。

> 图 7-36 色块　　　　> 图 7-37 "图案名称"对话框

（3）执行"编辑→填充"命令，弹出"填充"对话框，如图 7-38 所示，选择填充内容为自定图案，效果如图 7-39 所示。

（4）拖动素材中的玫红色花纹块到图片右上角，单击图层调板下方的"添加图层样式"按钮，选择样式"投影"，弹出"图层样式"对话框，具体参数的设置如图 7-40 所示，设置后的效果如图 7-41 所示。

▶ 7-38 "填充"对话框

▶ 图 7-39 填充图案后的效果

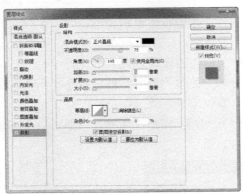

▶ 图 7-40 "图层样式"对话框

▶ 图 7-41 设置图层样式后的效果

（5）新建一个图层，命名为"虚线框"。使用矩形选框工具在枚红色花纹块中绘制一个矩形选区，选择"编辑→描边"命令，弹出"描边"对话框，具体参数的设置如图 7-42 所示，设置后的效果如图 7-43 所示。

▶ 图 7-42 "描边"对话框

▶ 图 7-43 描边后的效果

（6）选择工具箱中的"橡皮擦工具"，在工具选项栏中的"画笔预设"里选择硬边方形画笔，画笔的设置如图 7-44 所示，按住【Shift】键，沿矩形线条擦除，擦除后变为虚线效果，单击图层调板下方的"添加图层样式"按钮，选择样式"斜面和浮雕"，效果如图 7-45 所示。

（7）新建一个图层，命名为"白色色块"，在图片中相应的位置创建一个圆形选区，填充颜色为白色，添加图层样式"内发光"，具体参数的设置如图 7-46 所示，发光颜色设为 aaaa92。用画笔工具在白色色块上绘制多个圆点，设置后的效果如图 7-47 所示。

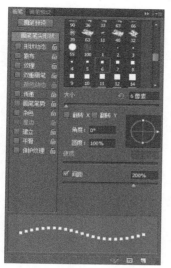
图 7-44 画笔选项设置

图 7-45 虚线效果图

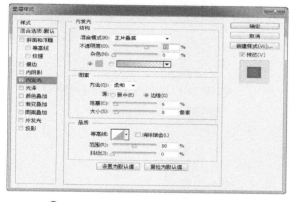
图 7-46 "图层样式"对话框

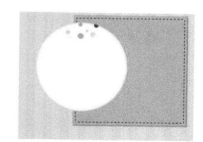
图 7-47 白色色块设置后的效果

（8）使用创建白色色块的方法添加一个红色色块，将"内发光"图层样式的发光颜色设为 f56064，设置后效果如图 7-48 所示。

（9）打开素材中的宝宝 5，使用矩形选框工具选中需要的部分，用移动工具将选中的部分移动到"相册封面设计"中的相应位置，按【Ctrl+T】组合键调整图像的大小，并将该图层重命名为"宝宝 5"。

（10）按住【Ctrl】键单击图层"宝宝 5"的缩览图，得到该图层的矩形选区，选择"编辑→描边"命令，弹出"描边"对话框，设置描边宽度为 2 像素，描边颜色为 ffffff，描边后的效果如图 7-49 所示。

（11）单击图层调板下方的"创建新组"按钮，创建了一个新组，重命名为"花朵"。在组内创建一个新图层，重命名为"花瓣 1"，使用椭圆选框工具在图中相应的位置创建一个圆形选区，设置前景色为 c7de6a，按【Alt+Delete】快捷键为选区填充黄绿色。拖动图层"花瓣 1"到图层面板下方的"创建新图层"按钮上，复制出一个新的图层"花瓣 1 复制"，添加参考线到图片中相应的位置，按【Ctrl+T】快捷键，将旋转的中心点移动到参考线的位置，移动 45 度，如图 7-50 所示。以此类推，制作其他的花瓣，效果如图 7-51 所示。使用椭圆选框工具,在花瓣中空的位置创建一个圆形选区,填充颜色,制作好的效果如图 7-52 所示,按【Ctrl+D】组合键取消选区。

图 7-48 红色色块设置后的效果

图 7-49 宝宝照片移动描边后的整体效果

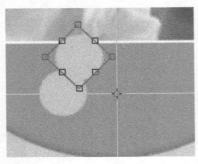

图 7-50 复制一个花瓣后的效果

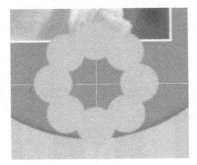

图 7-51 制作 8 片花瓣后的效果

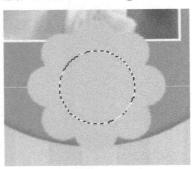

图 7-52 制作好花朵底色后的效果

(12)使用椭圆选框工具在花朵底色上分别绘制三个圆形选区,填充颜色分别为 ffffff、c7de6a、ff6393,绘制后的效果如图 7-53 所示。选择"画笔工具",设置画笔笔尖形状为"硬边方形",颜色为白色,在花朵中心绘制方形色块,花朵绘制完成后的效果如图 7-54 所示。使用移动工具将花朵移动到合适的位置,按【Ctrl+;】快捷键隐藏参考线。

(13)选择"花朵"组,单击图层调板下方的"添加图层样式"按钮,选择样式"投影",弹出"图层样式"对话框,设置参数后的效果如图 7-55 所示。使用同样的方法绘制其他的花朵,绘制后的效果如图 7-56 所示。

(14)打开素材中的花藤,使用移动工具将花藤移动到"相册封面设计"中,将花藤放到适当的位置,单击图层面板下方的"添加图层样式"按钮,选择样式"投影",弹出"图层样式"对话框,设置参数后的效果如图 7-57 所示。使用同样的方法制作其他的花藤,相应调整大小和位置，花藤绘制完成后的效果如图 7-58 所示。

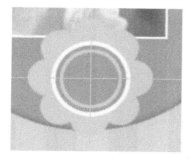
▶ 图 7-53 绘制花朵上的圆形区域后的效果

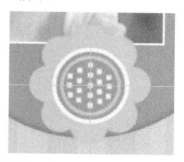
▶ 图 7-54 花朵绘制后的效果图

▶ 图 7-55 给花朵设置样式后的效果

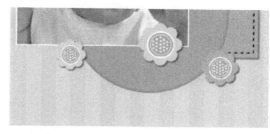
▶ 图 7-56 绘制其他花朵后的效果

▶ 图 7-57 给花藤添加样式后的效果

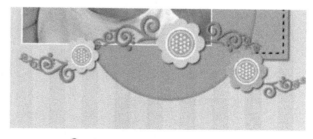
▶ 图 7-58 绘制好花藤后的效果

（15）创建一个新图层，命名为"邮票"。使用"矩形选框工具"在文件左上角的位置绘制一个矩形选区，填充颜色为白色。选择工具箱中的"橡皮擦工具"，在工具选项栏中的"画笔预设"里选择硬边圆形画笔，画笔的设置如图 7-59 所示，按住【Shift】键，沿矩形线条擦除，擦除后的虚线效果如图 7-60 所示。单击图层面板下方的"添加图层样式"按钮，选择样式"投影"，效果如图 7-61 所示。

（16）复制图层"邮票"，移动到图片中适当的位置，效果如图 7-62 所示。

（17）打开素材中的宝宝 1，发现照片亮度有点高，选择"图层→新建调整图层→亮度/对比度"命令，创建"亮度/对比度"调整图层，在弹出的"亮度/对比度"对话框中，将亮度、对比度分别设为-22、14，如图 7-63 所示，通过调整宝宝 1 图像更加清晰。

（18）对调整后的"宝宝 1"图片，使用矩形选框工具选中需要的部分，用移动工具将选中的部分移动到"相册封面设计"中的相应位置，按【Ctrl+T】组合键调整图像的大小，调整后的结果如图 7-64 所示，将该图层重命名为"宝宝 1"。

▶ 图 7-59　画笔选项设置

▶ 图 7-60　花边邮票效果图

▶ 图 7-61　添加图层样式后的邮票效果图

▶ 图 7-62　邮票总体布局效果图

▶ 图 7-63　"亮度/对比度"对话框　　　▶ 图 7-64　添加宝宝 1 后的邮票效果图

（19）依次打开素材中的宝宝 2、宝宝 3、宝宝 4，按照宝宝 1 移动到"相册封面设计"中相应位置及调整的方法进行操作，调整后的结果如图 7-65 所示。

（20）打开素材中的线绳，使用移动工具将线绳移动到"相册封面设计"中，将线绳放到适当的位置，并将该图层命名为"线绳"。将"线绳"图层进行三次复制，依次调整每条线绳的位置和角度，调整后的结果如图 7-66 所示。

▶ 图7-65 添加宝宝们后的效果图

▶ 图7-66 添加线绳后的效果图

（21）新建一个组，命名为"矩形块"。创建一个新图层，命名为"矩形"，选择工具栏中的"圆角矩形工具"，设置前景色为7ccae2，在工具选项栏中进行如图7-67所示的设置，在图片中按住【Shift】键绘制如图7-68所示的圆角矩形。单击图层面板下方的"添加图层样式"按钮，选择"投影"样式，进行效果设置。选择"滤镜→杂色→添加杂色"命令，弹出"添加杂色"对话框，设置如图7-69所示的参数，得到添加杂色后的矩形块。

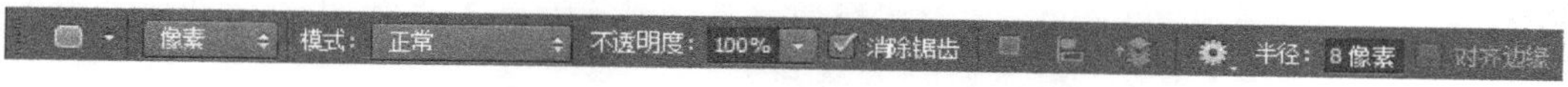

▶ 图7-67 "圆角矩形工具"选项栏

▶ 图7-68 圆角矩形效果图

▶ 图7-69 "添加杂色"对话框

（22）对"矩形"图层进行7次复制得到8个圆角矩形，适当调整位置。选择8个矩形图层，单击"图层→对齐→水平居中"，再单击"图层→分布→左边"，进行排列和对齐操作，得到8个排列整齐的矩形块。

（23）复制"矩形块"组，得到8个矩形块，垂直向下移动，得到如图7-70所示的效果图。

（24）打开素材中的条形码，使用移动工具将条形码移动到"相册封面设计"中，将条形码放到适当的位置，并将该图层命名为"条形码"，效果如图7-71所示。

（25）从工具箱中选择"横排文字工具"，在字符面板中设置字体为黑体，字号大小为30点，字的颜色为8ba605，字符间距调整为200，输入文字"豆豆的成长故事"，并调整到合适位置，效果如图7-72所示。

▶ 图7-70 绘制完整的圆角矩形区域效果图

▶ 图7-71 添加条形码后的效果图

▶ 图7-72 添加文字后的效果图

（26）从工具箱中选择"横排文字工具" T ，在字符调板中设置字体为黑体，字号大小为14点，字的颜色为000000，字符间距调整为-5，行距为22，如图7-73所示，输入相关文字，并调整到合适位置，效果如图7-74所示。

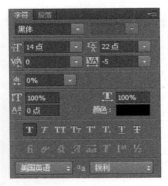

▶ 图7-73 "字符"调板　　　　▶ 图7-74 添加文字后的效果图

（27）从工具箱中选择"横排文字工具" T ，在字符面板中设置字体为楷体，字号大小为18点，字的颜色为000000点，输入文字"快乐成长出版社"，并调整到合适位置。

（28）选择"文件→存储"命令保存文件。

 案例26　设计班级网站首页

案例描述

设计如图7-75所示的班级网站首页。

模块七 综合应用

> 图 7-75　班级网站首页

案例解析

- 使用"圆角矩形"工具绘制路径，转换为选区，用渐变色填充，制作按钮。
- 使用"文本"工具输入文字。
- 使用"钢笔"工具绘制实线和虚线。
- 使用图层蒙版控制图像的显示。
- 使用"自定形状"工具绘制图标。

（1）新建文件。选择"文件→新建"命令，打开"新建"对话框，设置文件大小宽为800 像素、高为 1000 像素，背景色为白色，名称为"班级首页"，分辨率为 72 像素/英寸，其他项默认，单击"确定"按钮，创建一个新文件。

（2）添加学生图像。打开素材文件夹中的 student.gif 文件，按【Ctrl+A】组合键选择整个文件，按【Ctrl+C】组合键复制图层，使文件"班级首页"为当前文件，按【Ctrl+V】组合键粘贴，将图像 student.gif 复制到"班级首页"文件中并调整图像的大小。

（3）绘制虚线。选择工具箱中的"圆角矩形"工具，在选项栏中设置类型为"路径"，半径设置为 15 像素，在图像中绘制出一个矩形路径。选择"文字"工具，在绘制的路径上单击，连续按键盘上的句点键（英文输入状态），得到虚线效果，如图 7-76 所示。使用同样的方法，在图像的右侧绘制虚线，效果如图 7-77 所示。

（4）创建按钮。新建一个图层，命名为"按钮 1"。选择"圆角矩形"工具，在选项栏中设置类型为"路径"，半径设置为 5 像素，在图像中绘制出一个矩形路径。按下【Ctrl】键的同时按 Enter 键，将路径转换为选区。选择"渐变"工具，设置渐变色为白灰渐变，渐变类型为"线性渐变"，按住【Shift】键的同时，在选区内从上到下拖动，为选区填充渐变色。单击"选择→修改→收缩"命令，使选区缩小 2 像素，利用刚才设置的渐变色线性填充选区，填充方向为从下到上，得到一个有立体感的按钮。

▶ 图 7-76　输入沿路径文字

▶ 图 7-77　绘制虚线

（5）选择"移动"工具，按住【Alt】键的同时拖动绘制的按钮，复制出一个按钮，生成的一个新图层，命名为"按钮2"。使用同样的方法，再复制一个按钮，生成的图层命名为"按钮3"。将3个按钮拖动到图像左上方的虚线上，调整按钮位置。在"图层"面板中依次选择"按钮1"、"按钮2"、"按钮3"图层，分别单击选项栏中的"顶对齐"按钮和"水平居中分布"按钮，对3个按钮进行顶对齐和水平居中分布对齐。选择"横排文字"工具，在选项栏中设置字体为"黑体"，大小为14点，颜色为白色，在三个按钮上分别输入文字"班风"、"班训"、"班纪"，效果如图7-78所示。

（6）添加直线，输入文字。新建一个图层，命名为"直线"。选择"直线"工具，在选项栏中设置类型为"像素"，粗细设置为1像素，将前景色设置为黑色，在虚线的右边绘两条直线，如图7-79所示。选择"横排文字"工具，在选项栏中设置字体为"行楷"，大小为24点，颜色为黑色，在黑线上方输入文字"2013计算机1班"，设置字的大小为18点，在黑线下方输入文字"www.2013ji1.com"，设置字体为"黑体"，大小为24点，颜色为红色，在黑线右边输入文字"勇争一流"，设置字体为"行楷"，在学生图像的右边输入文字"创一流班级 做最好学生"，效果如图7-79所示。

▶ 图 7-78　添加按钮

▶ 图 7-79　添加直线、输入文字

（7）创建导航栏。新建一个图层，命名为"导航条"。选择"矩形选框"工具，在学生图像的下方绘制一个矩形，设置前景色为"#b3b3b3"，按【Alt+Delete】组合键为矩形选区填充颜色。单击"选择→修改→收缩"命令，使选区缩小5像素，设置前景色为"#660000"，为矩形选区填充颜色。选择"横排文字"工具，在选项栏中设置字体为"黑体"，大小为12点，颜色为白色，在矩形条上输入文字"首页｜动态｜文化｜相册｜活动｜留言"，效果如图7-80所示。

（8）打开文件 jingcai.jpg，按【Ctrl+A】组合键选择整幅图像，按【Ctrl+C】组合键复制选区，使"班级首页"文件成为当前文件，按【Ctrl+V】组合键粘贴图像，生成一个新的图层，命名为"精彩瞬间"。按【Ctrl+T】组合键，调整图像至合适大小。选择"圆角矩形"工具，在选项栏中设置类型为"路径"，半径设置为10像素，在图像中绘制出一个圆角矩形路径。按下【Ctrl】键的同时按回车键，将路径转换为选区。单击"图层"面板下方的"添加蒙版"按钮,使图像只显示选区内的部分。选择"横排文字"工具,设置字体为"黑体",大小为 12 点,颜色为"#660000",在图像下方输入文字"精彩瞬间"。使用同样的方法,添加图像 huodong.jpg,输入文字"班级活动",效果如图 7-81 所示。

图 7-80　创建导航栏

图 7-81　添加图像

（9）创建班级简介栏目。选择"直线"工具,在选项栏中设置类型为"像素",粗细设置为 1 像素,将前景色设置为"#999999",在导航条下方画出一条竖直线,实现网页下半部分的左右平分。选择"矩形选框"工具,在竖线的左边绘制一个矩形选区,设置前景色为"#660000",选择"编辑→描边"命令,打开"描边"对话框,设置"宽度"为 1 像素,单击"确定"按钮,形成一个矩形框。选择"横排文字"工具,在选项栏中设置字体为"黑体",大小为 14 点,颜色为黑色,在矩形框内输入文字"班级简介"。设置文字大小为 12 点,字体为"宋体",在"班级简介"的下方输入班级简介内容,效果如图 7-82 所示。

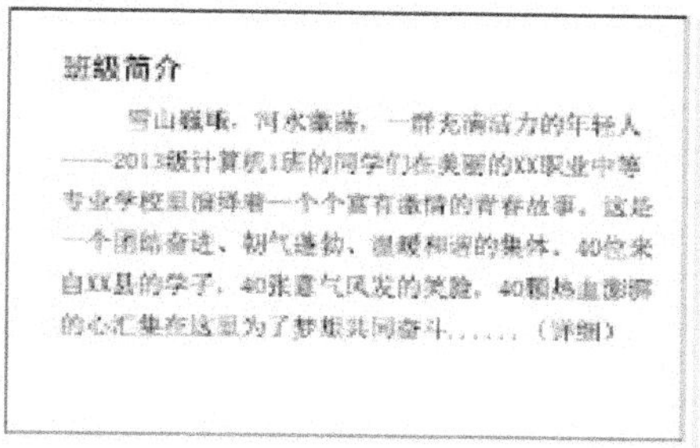

图 7-82　创建班级简介栏目

（10）新建一个图层,命名为"方框 1",在"班级简介"的下面绘制一个矩形选区,选择"编辑→描边"命令,打开"描边"对话框,设置颜色为"#660000",宽度为 1 像素,单击"确定"按钮。打开 zhiyuanzhe.jpg 文件,按【Ctrl+A】组合键选择整幅图像,按【Ctrl+C】组合键复制选区,使"班级首页"文件成为当前文件,按【Ctrl+V】组合键粘贴图像,生成一个新的图层,命名为"青年志愿者"。按【Ctrl+T】组合键,调整图像至合适大小,将图像移动至图层"方框 1"的方框中。使用同样的方法,添加图像 yiwu.jpg、hechang.jpg。并在图像下方分别输入文字"青年志愿者"、"义务劳动"、"合唱比赛",效果如图 7-83 所示。

（11）创建用户登录部分。选择"横排文字"工具,设置字体为黑体,大小为 12 点,在网页的右下角输入文字"用户名:"。选择"直线"工具,在选项栏中设置类型为"像素",粗细设置为 1 像素,将前景色设置为"#999999",按住【Shift】键,在文字"用户名:"后面画出一条水平线。使用同样的方法在"姓名"一行的下方输入文字"密码:",并绘制一条水平线。打开"图标.jpg"文件,按【Ctrl+A】组合键选择整幅图像,按【Ctrl+C】组合键复制选区,使"班级首页"文件成为当前文件,按【Ctrl+V】组合键粘贴图像,调整图像大小,移动图片至水平线的右边。新建一个图层,命名为"登录",在网页右下角,绘制一个矩形选区，设置前景色为"#999999"，按【Alt+Delete】组合键填充选区，形成一个矩形。取消选区，选择"横排文字"工具，设置文字字体为黑体，大小为12点，颜色为白色，在矩形上输入文字"登录"。选择"移动"工具，按住【Alt】键，拖动矩形，复制出两个矩形，并在两个矩形分别输入文字"注册"和"忘记密码"，效果如图7-84所示。

图7-83　添加图片

图7-84　用户登录部分

（12）创建新闻栏目。选择"横排文字"工具，设置文字字体为黑体，大小为14点，颜色为黑色，在导航栏的右下方输入文字"班级新闻"，设置文字大小为12点，在"班级新闻"的右边输入"Class News"和"更多"。在"班级新闻"的下方拖出一个文字框，输入新闻及日期。选择工具箱中的"自定形状"工具，选择形状 ，在每一条新闻前面绘制该形状。文字内容及效果如图7-85所示。使用同样的方法，在"班级新闻"栏目的下方创建"活动安排"栏目，如图7-86所示。

班级新闻 Class News	更多	活动安排 Activity arrangement	更多
我班在合唱比赛中喜获一等奖	2014-3-6	植树节安排	2014-3-6
家长会通知	2014-3-2	学校乒乓球比赛通知	2014-3-2
书法兴趣小组报名开始了	2014-3-2	义务劳动通知	2014-3-2
每周之星评选办法	2014-3-1	班级篮球赛	2014-3-1
请你为班级发展提建议	2014-2-26	合唱比赛排练安排	2014-2-26
宿舍评比成绩公示	2014-2-25	书法兴趣小组学期安排	2014-2-25
2013计算机1班网站正式开通	2014-2-21	美术兴趣小组活动安排	2014-2-21

图7-85　班级新闻栏目　　　　　　　　图7-86　活动安排栏目

（13）选择"直线"工具，在选项栏中设置类型为"像素"，粗细设置为1像素，将前景色设置为"#660000"，按下【Shift】键，在网页下方画出一条直线。选择"横排文字"工具，设置文字字体为黑体，大小为14点，颜色为黑色，在水平线的下方输入版权信息。版权信息内容及网页效果如图7-86所示。

（14）选择"文件→存储"命令，保存图像。

案例27　制作"珍惜时间"宣传图片

案例描述

绘制"珍惜时间"宣传图片，如图7-87所示。

> 图 7-87 "珍惜时间"宣传图片

案例解析

- 使用"横排文字"工具输入文字。
- 使用"栅格化"命令将文字图层转换为普通图层。
- 使用"图层蒙版"控制图像的显示。
- 使用"时间轴"面板制作帧动画。

（1）新建文件。选择"文件→新建"命令，打开"新建"对话框，设置文件大小宽为 650 像素、高为 365 像素，背景色为白色，名称为"珍惜时间"，分辨率为 72 像素/英寸，其他项默认，单击"确定"按钮，创建一个新文件。

（2）添加背景图片。打开素材文件夹中的 sk.jpg 文件，按【Ctrl+A】组合键选择整个文件，按【Ctrl+C】组合键复制图层，使文件"珍惜时间"为当前文件，按【Ctrl+V】组合键粘贴，将图像 sk.jpg 复制到"珍惜时间"文件中。

（3）绘制钟表。新建一个图层，命名为"钟表"。选择工具箱中的"椭圆选框"工具，按住【Shift】键在画布中绘制出一个圆形选区。选择"编辑→描边"命令，打开"描边"对话框，设置"宽度"为 10 像素，颜色为"#0000CC"，单击"确定"按钮，形成一个圆环，如图 7-88 所示。

（4）选择工具箱中的"椭圆"工具，在选项栏中设置类型为"路径"，在圆环内绘制出一个圆形路径。选择"画笔"工具，设置前景色为"CC3300"，笔尖形状为方头，大小为 8 像素，沿圆形路径绘制出 12 个矩形块，作为钟表的时间刻度，如图 7-89 所示。

> 图 7-88 绘制圆环

> 图 7-89 钟表时间刻度

（5）添加气球。打开素材文件夹中的 ball.jpg，使用"快速选择"工具选中气球，按【Ctrl+C】组合键复制选区，使"珍惜时间"文件成为当前文件，按【Ctrl+V】组合键粘贴图像，生成一个新的图层，命名为"气球 1"，按【Ctrl+T】组合键，调整图像至合适大小。

（6）在"图层"面板中，拖动"气球 1"的图层缩览图到"创建新图层"按钮上，复制出一个新图层，命名为"气球 2"。将"气球 1"图层移至"钟表"图层的下面，选择"图像

→调整→去色"命令,将"气球1"图层中的气球变成黑白图像。使"气球2"图层成为当前图层,单击"图层"面板下方的"添加蒙版"按钮,选择"画笔"工具,前景色设置为黑色,调整画笔大小,在圆环内的气球上涂抹,使气球只显示圆环外的部分,效果如图7-90所示。

(7)输入文字。选择"横排文字"工具,在选项栏中设置字体为"黑体",大小为150点,颜色为白色,在圆环的左边输入文字"日"。设置文字大小为250点,输入文字"寸",调整"寸"字至钟表带的上方,效果如图7-91所示。

图7-90 取消圆环内的气球的显示

图7-91 输入"日"和"寸"

(8)使文字"寸"所在的图层成为当前图层,选择"图层→栅格化→文字"命令,将该层变为普通图层。选择"橡皮擦"工具,将"寸"字中的点擦除,效果如图7-92所示。

(9)输入其他文字。选择"横排文字"工具,在选项栏中设置字体为黑体,大小为60点,颜色为"33FF00",在"寸"字右边输入"间",设置文字颜色为白色,在"间"字斜下方输入"都",设置字的大小为40点,在"都"字斜下方输入"去",设置大小为100点,颜色为红色,在"去"字左下方输入"哪",设置字的大小为40点,字的颜色设置为白色,在"哪"的右边输入"了…",效果如图7-93所示。

图7-92 擦除"寸"字中的点图

图7-93 输入文字后的效果

(10)在表盘中输入数字。选择"横排文字"工具,在选项栏中设置字体为黑体,大小为12点,颜色为白色,在表盘中输入数字1~12,效果如图7-94所示。

(11)制作钟表指针。新建一个图层,命名为"指针1"。选择"直线"工具,在选项栏中设置类型为"像素",粗细为5像素,设置箭头位置为"终点",宽度为200%,长度为300%,凸度为0%,将前景色设置为"FFFF66",在表盘中画出一个指向数字6的箭头,效果如图7-95所示。

(12)在"图层"面板中,拖动"指针1"的图层缩览图到"创建新图标"按钮上,复制出一个新图层,命名为"指针2"。使"指针2"图层为当前图层,按【Ctrl++】组合键放大图像显示比例,按【Ctrl+T】组合键,指针上出现控点,按住【Alt】键的同时,将中心点拖至箭头上端中心位置,将鼠标移到箭头的下方,顺时针旋转指针到指向7的位置,如图7-96所示。依次按【Shift+Ctrl+Alt+T】组合键10次,复制并旋转指针,重命名生成的图层,名称为"指针3"至"指针12",效果如图7-97所示。新建一个图层,选择"画笔"

工具，设置画笔大小为 10 像素，颜色为"#FFFF66"，在钟表的中心位置绘制一个原点，作为指针转动的轴。

▶ 图 7-94 在表盘中输入数字

▶ 图 7-95 绘制指针

▶ 图 7-96 复制并旋转指针

▶ 图 7-97 复制并旋转指针 10 次后的效果

（13）制作指针转动的效果。选择"窗口→时间轴"命令，打开"时间轴"面板，单击"创建帧动画"按钮，打开"时间轴"面板如图 7-98 所示。选择第一帧，在"图层"面板中单击图层"指针 2"到"指针 12"前面的小眼睛，只使"指针 1"显示。单击"时间轴"面板下方的"复制所选帧"按钮 11 次，使帧动画中的帧增加到 12 帧。选择第二帧，使图层"指针 2"的小箭头显示，其他层的小箭头不显示。使用同样的方法，设置其他帧。设置每帧的持续时间为 0.2 秒，"循环选项"设置为"永远"，设置完毕的"时间轴"面板如图 7-99 所示。单击"播放"按钮，预览动画效果。

▶ 图 7-98 "时间轴"面板

▶ 图 7-99 设置完毕的"时间轴"面板

（14）添加修饰。新建一个图层，命名为"修饰"。选择工具箱中的"自定形状"工具，选择"污渍矢量包"中的"污渍 7"形状，绘制类型选择"像素"，前景色设置为白色，在画布中绘制出几个图形，作为修饰，效果如前面图 7-87 所示。

（15）选择"文件→存储"命令，保存文件。选择"文件→存储为 Web 所用格式"命令，打开"存储为 Web 所用格式"对话框，格式选择"gif"，单击"存储"按钮，打开"将优化的结果存储为"对话框，输入文件名称，格式选择"仅限图像"，单击"保存"按钮，输出包含动画的图像。

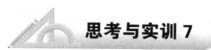
思考与实训 7

1. 为素材图片"俯瞰.jpg"添加云雾效果，如图 7-100 所示。

> **提示**
> 利用通道、云彩滤镜、图层蒙版等

2．制作如图 7-101 所示的金钗。

▶ 图 7-100　云雾效果图

▶ 图 7-101　金钗效果图

> **提示**
> 利用风滤镜、图层样式、变形工具等。

3．利用提供的素材图像文件"墨.png"、"桥.jpg"、"古城 1.jpg"、"古城 2.jpg"、"古城 3.jpg"、"古城 4.jpg"，如图 7-102 所示，制作"古城之旅"的宣传画面，效果如图 7-103 所示。

▶ 图 7-102　素材图片

▶ 图 7-103　效果图

4．利用提供的素材图像文件"水墨.png"、"花.jpg"、"牡丹.png"、"风景.png"、"中国梦.png"，如图 7-104 所示，制作"中国梦"的画面，效果如图 7-105 所示。

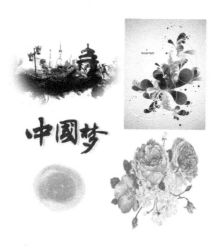

▶ 图 7-104　素材图片　　　　　　　▶ 图 7-105　效果图

5．制作如图 7-106 所示的简明名片。

▶ 图 7-106　名片

反侵权盗版声明

电子工业出版社依法对本作品享有专有出版权。任何未经权利人书面许可，复制、销售或通过信息网络传播本作品的行为；歪曲、篡改、剽窃本作品的行为，均违反《中华人民共和国著作权法》，其行为人应承担相应的民事责任和行政责任，构成犯罪的，将被依法追究刑事责任。

为了维护市场秩序，保护权利人的合法权益，我社将依法查处和打击侵权盗版的单位和个人。欢迎社会各界人士积极举报侵权盗版行为，本社将奖励举报有功人员，并保证举报人的信息不被泄露。

举报电话：（010）88254396；（010）88258888
传　　真：（010）88254397
E-mail：　dbqq@phei.com.cn
通信地址：北京市万寿路173信箱
　　　　　电子工业出版社总编办公室
邮　　编：100036